日本百名虫

ドラマティックな虫たち

One Hundred insects
of Japan
Shingo Sakatsume

坂爪真吾

文春新書
1416

『日本百名虫　ドラマティックな虫たち』◎目次

（写真提供）表表紙：新開孝　裏表紙：森上信夫　表帯：森上信夫
裏帯：森上信夫　前ソデ：新開孝　後ソデ：新開孝

■本巻に所収の昆虫1～50

51

ノブオオアオコメツキ

延夫大青米搗

コメツキムシの仲間は国内に600種以上いると言われているが、その大半が黒褐色や茶褐色の地味な種で占められており、色彩・形状共に変化に乏しい。見た目だけでは同定が難しい種も多い。

しかし、中には目の覚めるような深紅の翅《はね》を持つハネビロアカコメツキ、深い瑠璃色に輝く翅を持つルリツヤハダコメツキなどの美麗種もいる。

高山帯に生息するアラコガネコメツキ、紀伊半島の大台ヶ原山系に生息する日本固有種・オオダイルリヒラタコメツキなども魅力的な種であるが、やはり日本のコメツキムシの最美麗種は、与那国島にのみ生息するノブオオオアオコメツキであろう。体長は30ミリを超え、国内のコメツキの中でも最大級の大きさになり、全身から緑紫色〜青緑色の強い金属光沢を放つ。絵に描い

11　枝上で静止する成虫。

たような南国の甲虫である。幼虫は肉食性で50ミリを超える。

1964年7月、大林延夫氏によって与那国島で採集された個体を基に、新種として記載された。この美麗種の存在は、甲虫の愛好家や研究者の間では、新種に記載される以前から話題になっており、種名をどうするか、誰が記載するかといったことに関する憶測が飛び交っていたという[i]。

本種は6月〜8月にかけて発生し、日中に飛翔する。原生林よりも、比較的低地の開けた森林や農耕地、牧場や果樹園周辺でよく見られるという。カラスザンショウの枝でよく見つかり、ギンネムの新芽や、オオバイヌビワの果実に集まることもある。同属の仲間として、石垣島と西表島に生息するヨツモンオオアオコメツキがいる。こちらも派手さではノブオに一歩譲るものの、国産種の中でも屈指の美麗種である。

与那国島には、本種を始め、ノブオフトカミキリやアオナガイトトンボなど、日本でこの島でしか見られない種や固有種・固有亜種の数が極めて多い。

奄美大島から八重山諸島に連なる琉球列島は、長い年月の間に水没と隆起を繰り返したと考えられているが、奄美大島や沖縄本島、石垣島や西表島など、高い山のある島は完全に水没することを免れたため、アマミノクロウサギやイリオモテヤマネコなどの「生きた化石」と呼ばれる種が生き残っている。与那国島は完全に水没していた時代が長いと考えられているため、こうした古い種はおらず、ハブの仲間も生息していない。

与那国島は、クワガタ愛好家の間で人気が高いマルバネクワガタの仲間の生息地の中で、唯一ハブのいない島である。そのため、一部の心無い採集者や業者がヨナグニマルバネクワガタを採集するために夜の森に入り、繁殖期の成虫を大量に捕獲したり、繁殖地であるイタジイやオキナワウラジロガシの樹洞を破壊し、その中の腐植土を幼虫ごと持ち去る、という暴挙が繰り返された。ヨナグニマルバネクワガタは、２０１１年に種の保存法に基づく国内希少野生動植物種に指定され、採集禁止となった。

採集規制の強化は、若い世代からは「年配世代が自分勝手な乱獲を繰り返した結果、自分たちが採集できなくなってしまった」と捉えられ、世代間対立の火種になってしまうこともある。

ハブという番人のいない与那国島では、ノブオオオアオコメツキを含めた貴重な固有種を乱獲から守るためには、採集者一人ひとりが、心の中に自制心という名のハブを棲まわせるしかないのだろう。

52 タマムシ

美麗昆虫の代名詞

これまで数え切れないほど多くの書籍や図鑑の表紙を飾ってきた、日本の美麗昆虫の代名詞的存在である。しかし、その圧倒的な知名度に反して、タマムシを野外で観察・採集したことのある人は、意外と少ないのではないだろうか。

タマムシは最大で40ミリにもなる大型甲虫であり、誰もがひと目で分かるド派手な姿をしているが、漠然と野山を探しても、まず見つからない。なぜならば、成虫はエノキやケヤキなどの高木の樹冠部を飛んでいることが多いからだ。山道や林道を歩いているときに、目の前の樹木を見て、「これがエノキだよね」と同定することは、素人には結構難しい。

無事に同定でき、その樹冠を飛ぶタマムシの姿を見出すことができたとしても、ホームセンターで売っている1～2メートル

葉に止まった成虫。

程度の捕虫網では、どうあがいても樹冠まで届かない。

タマムシ自体は決して個体数の少ない種ではないが、こうした理由があるため、観察・採集は意外と難しい。私自身も、大人になって昆虫採集を再開した後、3年間新潟県内の野山を探し回ったが、1頭も採集することができなかった。

そんな中、地元である新潟市西区の佐潟にいるらしい、という情報を聞いて、6月下旬に家族と一緒に散策に行った。さんざん県内の山を歩き回って一度も見つからなかったタマムシ様が、こんなご近所にいるわけがないよな……と思ってしばらく遊歩道を歩いていたら、水辺の脇にあった立ち枯れに、虹色に輝く楕円形の甲虫が静止していた。

思わず二度見したが、このシルエット、誰がどう見てもタマムシだ。「い、いたーーー！」と心の中で絶叫したが、不運なことに、その日は捕虫網を持っていなかった。やむをえず素手で捕まえるため、気配を殺してにじり寄ったが、あと数センチというところで察知されてしまい、タマムシはバッと翅を広げて、瞬く間に空の彼方に飛び去ってしまった。なんという痛恨のミス！　あまりの悔しさに、その場でのたうち回りそうになった。

それでも、初めて野外でタマムシを観察することができたこと、そして「山奥まで行かなくても、意外と近くにいる」「いる時期とポイントさえわかれば、おそらく素手で採れる」ということがわかったのは、大きな収穫だった。

そしてその年の７月、五《ご》泉市《せんし》にて、ケヤキの伐採木に飛んできたタマムシを素手で採集することができた。タマムシの初採集、これは昆虫好きが一生に一度しか味わえない強烈な感動である。帰り道、コンビニでアイスとお茶を買って、一人車内で祝杯をあげた。

タマムシの輝きは色素ではなく構造色によるものであり、死後も色褪せない。タマムシの翅を利用していることで有名な国宝・玉虫厨子《たまむしのずし》は、戦後は１９６０年と２００８年の２回、現代のタマムシの翅を用いて、飛鳥時代の輝きを再現した複製が制作されている。

今後も時代の流れの中で、玉虫厨子が複製される時が来るのだろう。その時までに、タマムシを採集できる環境を保全することは、太古の昔よりこの甲虫を愛でてきた私達日本人に課せられた義務なのかもしれない。構造色の輝きは年を経ても変わらないが、生息地の環境は、一度の開発で瞬く間に失われてしまうのだから。

53

アオマダラタマムシ

星降る玉虫

我々東日本に住んでいる人間にとっては、憧れのタマムシである。主に関東以西の本州・四国・九州に分布する種で、青緑色の金属光沢を放つ流線型のボディの上に、星《ほし》屑《くず》をちりばめたような黄緑色の斑紋と金箔の点刻が踊る。

学名（属名）*Nipponobuprestis* は「日本のタマムシ」を意味する。シーボルトがオランダに持ち帰ったメス個体を基に、１８６４年に記載された。最大で30ミリ近い大きさになる中型種で、国内に生息するタマムシの中でも屈指の美しさを誇る。

成虫の色彩は、発生から時間が経つに連れて赤銅色から青緑色に変化していくという不思議な特徴がある。幼虫は、アオハダ、ソヨゴ、イヌツゲなどのモチノキ科の樹木を利用する。つまり、本種を探すためには、野外でモチノキ科の樹木を見つけること・

19　幹を歩く成虫。

見分けることが必須になる。

　クワガタやカブトムシを採るのであれば、植物の知識はさして必要ではない。樹液の出るクヌギやコナラ、ヤナギなどを覚えておけば十分だ。しかしタマムシの場合、エノキやケヤキ、ハルニレやタンナサワフタギ、ヤマハンノキやオオバヤシャブシなどの食樹を覚えて野外で判別できるようにならないと、採集や撮影どころか、発見すらできない。

　植物の名前を覚えるのは骨が折れるが、野外で植物の種類を判別できるようになると、採集の成功率だけでなく、世界の解像度も一気に上がる。植物から、その土地の気候や標高、そして生物多様性が分かるようになる。タマムシを識《し》ることは、世界の豊かさを識ることにつながる。

　アオマダラタマムシの採集は決して容易ではないが、本種が産卵のために集まるアオハダやソヨゴの「御《ご》神木《しんぼく》」（＝稀少種の甲虫が数多く集まる大木や立ち枯れは、愛好家の間ではこう呼ばれる）を見つけることができれば、一度に複数の個体を採集することも可能だという。冬場にモチノキ科の朽木を割って、羽化した成虫を採集する方法もある。

　近縁種に、全身が黒緑色に輝くクロマダラタマムシがいる。平野部のエノキ古木にある洞《うろ》の周辺で発生する稀少種で、産地は極めて局所的である。都市化によって古い大木が減少したこともあり、アオマダラ以上に採集が難しい種になっている。

温暖化の影響なのか、アオマダラの分布域は年々拡がっており、太平洋側は福島市、日本海側は新潟県村上市と山形県小国町が北限とされている。新潟県内でも、１９８０年代後半から本種の目撃情報は報告されており、長岡市で小学生が蜘蛛の巣にかかっている個体を採集した[iii]、村上市で死骸が発見された、関川村の三角点山（標高576・5メートル）にあるアオハダで本種とおぼしき羽《う》脱孔《だっこう》が見つかった、という情報が時折飛んでくる。ほとんどＵＭＡ（未確認動物）のような存在である。

6月下旬、噂の真相を確かめるために、三角点山に登った。登山口から頂上まで、往復4時間ほどかけて山の中を探し回ったが、アオマダラの姿は全く見当たらない。そもそも目の前の木が本当にアオハダなのかもよくわからない。登山道の狸の溜めフンに集まっていたオオセンチコガネをピンセットでつまんで採集しただけで、虚しく下山した。

植物図鑑とにらめっこしながら、越後のＵＭＡとも呼ぶべき星降る玉虫と、いつか地元で出会える日をじっと待つとしよう。

54 アカヘリミドリタマムシ

南会津の彗《すい》星《せい》

アカヘリミドリタマムシは、険しい山の尾根沿いに生えているゴヨウマツなどの針葉樹に生息する稀少種である。12〜20ミリほどの小型種だが、タマムシ科のみならず、国内に生息する甲虫の中でも最美種の一つに挙げられる虫だ。京都府をタイプ産地として記載されたが、それ以後、府内においては1頭も記録されていない。ミステリアスなタマムシである。

1970年代には、福島県南会津郡舘岩村（当時）にある湯の花温泉付近の製材所にゴヨウマツなどの針葉樹の丸太があり、それに集まる本種が採れたため、多くの愛好家が訪れていた。現在はそうしたポイントが公にされておらず、本種を採るためには、登山の装備で身を固め、峻険な山の尾根まで登らなければならない。

タマムシはオスの採集が難しい。メスは

23　オスの成虫標本。

産卵のために地上の伐採木付近に降りてくることがあるが、オスは樹冠からなかなか動かないためだ。本種も例外ではなく、1931年に記載されて以降、採集された個体は全てメスであり、オスは1頭も発見されていなかった。60年近く経った1990年6月、同じく舘岩村にて、露木繁雄氏によってようやくオスが採集された…。

今もなお、福島県以外では記録が少なく、いたとしても1〜2頭程度しか見つかっていない産地も多い。苦しい登山の末に運良く採集に成功した人が、虹色に輝く本種の画像と共にツイッターで戦勝報告を行うと、おびただしい数の「いいね！」がつく。

私も感化されて、新潟県内でゴヨウマツのありそうな山を探し、胎内の風倉山（標高931メートル）に目星をつけた。登山口まで林道を1時間歩き、そこからさらに2時間かけて、ようやく尾根にたどり着いた。尾根沿いにはマツの木がたくさん並んでおり、「これはひょっとしたら、ひょっとするかも！」と淡い期待に胸を膨らませたが、成果は、2時間探し回って、ウバタマムシ1頭のみ。自宅から徒歩5分の公園でも採れる普通種である。

国内には、もう1種アメリカアカヘリミドリタマムシという外来種が確認されている。名前の通り北米原産の種であり、輸入された針葉樹材から発生し、戦前には京浜地方や阪神・四国などでかなりの数が採集されていたという。しかし、今は滅多にお目にかかれない超稀少種になっている。本種の幼虫は通常2〜4年で成虫になるが、カナダのブリティッシュコロンビア州で、建物の材木の中で51年間も生きていた幼虫が発見された記録がある。

　こうしたアカヘリミドリタマムシの仲間をはじめ、タマムシの世界には、ハレー彗星のように、数十年に一度しか出会えないような超稀少種がいくつもいる。

　北海道には、エゾアオタマムシという幻の種がいる。アオタマムシよりもさらに美しい青緑色の輝きを放つ超美麗種であり、「世界で最も美しい昆虫」と呼ぶ人もいる。ロシアのウスリー低地帯の原生林に分布し、北海道にも生息しているということ自体は確実（死骸は見つかっているため）なのだが、40年以上、誰も生きた姿を見ていないという。幻の「北の碧《あお》い彗星」を探すため、毎年勇気ある挑戦者たちが北海道に飛び、意気消沈して帰っていく。

　こうした幻を追いかけることを不毛と見るか、壮大なロマンと見るか。答えは人によって異なるだろうが、私は来年も、ゴヨウマツのある尾根まで「彗星」を探しに行く予定である。

55 ハビロキンヘリタマムシ

正攻法では採集不可能

東京・上野の国立科学博物館に奉職《ほうしょく》していた昆虫学者・黒沢良彦氏は、日本産タマムシ約２００種のうち56種を記載し、タマムシの世界的権威と呼ばれていた。昆虫界における「世界のクロサワ」であり、１９８３年に沖縄で発見されたヤンバルテナガコガネの命名・記載者としても有名である。

黒沢氏はアマチュアの甲虫愛好家との交流も深く、毎年夏休みに上野の科博で行われた昆虫の同定会では、昆虫少年たちの素朴な質問や同定依頼に対しても、親切丁寧に回答してくれたという。プロ野球の世界で例えれば、巨人の王や長嶋が野球少年に個別指導してくれるようなものだ。生物学者の福岡伸一氏のように、黒沢氏との出会いによって、研究者の道に進んだ昆虫少年も多い。厳しい指導を受けた教え子たちから「アオスジタテハ」という愛称で呼ばれ

オスの成虫標本。

ていたところにも、その人柄が窺われる。

黒沢氏によって記載された数あるタマムシの中で、最も稀少かつ美しい種の一つが、ハビロキンヘリタマムシである。体長は11～16ミリほどで、その名の通り、上翅の縁が赤みを帯びた金色で彩られる小型美種である。１９４７年8月、岩手県区界峠で列車内に飛び込んできた1頭のオスを基に記載された[iv]。それから24年後の１９７１年、群馬県武尊山《ほたかやま》でようやくメスが採集されたが、それ以降は長野県の梓山《あずさやま》などの限られた地域からわずかな個体が発見されただけで、生態の解明が一向に進まなかった。その理由は、採集の難しさにあった。本種は一生を通じてハルニレの大木の樹冠部で過ごしており、地上13メートル以下の場所に降りてくることはまずない、とされている。

市販の長竿を使用しても、網の届く高さは、せいぜい10メートルが限界である。つまり、正攻法で本種を採集することは不可能であり、通常の昆虫採集の枠を超えた独自の工夫を行う必要がある。具体的には、軽トラックの荷台の上に脚立を設置し、その上で自作の11～14メートル竿を使ってハルニレ大木の樹冠部周辺をスウィーピングし、本種を採集した記録が残っている[v]。「そこまでやるか」と思う人もいるかもしれないが、そこまでやっても採れないこともある、恐ろしい虫である。

タマムシの小型美麗種は、とにかく採集の難しい種が多く、なかなかお目にかかれない。ハビロキンヘリと同じ仲間のエサキキンヘリタマムシは、炎天下の中、オスを誘引する効果のある緑色のネットをつけた長竿を使ってヤマハンノキをスウィーピングしなければ、なかなか採れない。ナカボソタマムシの仲間は、青紫色や深緑色、錆色の金属光沢を持った美しい種が揃っている。キイチゴの葉につくシロオビナカボソタマムシは小学生でも簡単に見つけられるが、樹冠に集まるシリグロナカボソタマムシなどの種は滅多に見つからない。

長竿を用いたスウィーピングは非常に体力を消耗する採集方法であり、炎天下においてはまさに苦行である。私もチャレンジしたことがあるが、最普通種のヒメヒラタタマムシを1頭採っただけで疲れ切ってしまった。情けない限りだ。

そして長竿は、高価な割に折れやすい。毎年シーズンになると、愛好家の「買ったばかりなのに」という悲痛な叫びとともに、不慮の事故で「突然死」した長竿の無惨な姿がツイッターのタイムラインで流れる。タマムシの小型美麗種の採集は、知力・体力・時の運、全てが試される、過酷なスポーツだと言える。

56

クチキクシヒゲムシ

奇虫・キバコガネモドキ

謎だらけの奇虫である。春に出現する甲虫の中では貫禄のあるサイズであり、最大で20ミリを超える。しかし、和名からはその姿が全くイメージできない。「クチキ」に棲む昆虫はたくさんいるし、「クシヒゲ」を持つ昆虫も山のようにいる。そもそも発音しづらい。

昆虫の世界では、「和名が覚えにくい種は人気が出ない」というジンクスがある。本種も、極端な小顔にオサムシのような巨大な大顎を持つ異形の甲虫であるにもかかわらず、知名度は決して高くない。これが「キバコガネモドキ」という和名だったら、人気爆発だったのでは……といつも思っている。今からでも遅くないので、ぜひ改名してほしい。

本種の生態はほとんどわかっていない。よく晴れた日の午後、立ち木の地上2～5

幹の上で静止するメスの成虫。

メートルあたりに止まり、樹皮下に極小の米粒のような真っ白い卵を産みつける。その数は膨大であり、ツチハンミョウなどと同じく、孵化した幼虫は他の昆虫に寄生するタイプ（＝それ故に生存率が極めて低いため、たくさんの数を産む必要がある）であることが推測される。セミに寄生すると考えられているが、詳しくは不明である。本種を含めてクチキクシヒゲムシ科の甲虫は国内に3種知られており、残りの2種は奄美大島と石垣島に生息しているが、いずれも生態は謎に包まれている。

採集難易度は高く、「狙って採れない虫」と言われている。長年昆虫の採集・撮影をしている愛好家の中でも、「一度も見たことがない」という人は少なくないはずだ。春の針葉樹林という、他の甲虫がほとんど寄りつかないような時期と場所にいるせいもあるだろう。つかみどころがなく、つかまえどころもわかりにくい種だ。

個人的には縁がある虫で、これまでに生きた個体を4頭採集したことがある。4月下旬に新潟市西蒲区の角田山の林道でひっくり返っていたメスを拾った。6月上旬には、三条の袴腰山の尾根筋に生えていたアカマツの幹、高さ2メートルほどの位置に張りついていたメスを運良く発見することができ、捕虫網で叩き落として採集した。

7月上旬に、小国町・朝日連峰のブナ林で、キヌツヤハナカミキリやオオマダラコクヌストなどが集まっている立ち枯れに止まっているメスを発見したが、既に息絶えていた。

赤褐色の大きなクシヒゲが特徴的なオスは、5月上旬、新潟の昆虫少年の聖地である「胎内昆虫の家」の近くにある杉林で、一度だけ採集したことがある。杉の幹の手の届く位置に張りついていた個体を小学生の長男が発見し、素手で捕らえた。

クチキクシヒゲムシは狙って採れない虫ではあるが、狙わなければ採れるというわけでもない。昆虫採集の最大の醍醐味は、「狙って採れない虫を狙って採る」ことにある。幼虫がセミに寄生している可能性があるのであれば、セミの多い場所に行けば、成虫に出会える確率が上がるかもしれない。春の針葉樹林がポイントであるならば、大型連休の旅行中、これまで無視していた杉林や松林をじっくり眺めてみれば、出会えるかもしれない。

こうした仮説を積み重ねて行動し、「狙って採れない虫」を見事に採れた時は、喜びも倍増である。生態の解明にもつながる。次のシーズンは、いつもと違う場所・違う時期を選んで、「狙って採れない虫」を採りに行こう。

57 ゲンジボタル

復活の蛍光《けいこう》

近江守山（現在の滋賀県守山市）は、古くからゲンジボタルの群生地として知られており、明治期には皇室への献上も行われていた。大正時代から昭和初期にかけてはホタル祭りが盛大に行われ、見物客のために京阪神から守山への特別列車も運行されていた。

その一方、東京や大阪の庭園・公園で観賞用にホタルを放つことがブームになり、各地のホタル群生地で、ホタル問屋によって数万頭単位で乱獲されるようになった。満州や台湾、朝鮮への輸出も行われるようになり、守山でも個体数は急速に減少。保護のため、大正13年（1924年）、守山のホタルは天然記念物に指定され、第1号の「天然記念物指定地」になった。

しかし、乱獲と農薬や家庭排水等による水質悪化が重なり、守山からゲンジボタル

35　下草に止まって光るメスの成虫。

はほとんど姿を消してしまい、ホタル問屋もホタル祭りも消滅した。昭和35年（１９６０年）には、国の天然記念物の指定を解除されてしまった。

そこで守山市は、１９７９年から、守山出身のホタル研究者である南喜市郎氏の研究結果を取り入れて、「ホタルのよみがえるまちづくり事業」に取り組んだ。

明治29年（１８９６年）生まれの南氏は、昆虫学者の名和靖氏の依頼で守山でのゲンジボタルの生態調査の案内役を務め、それをきっかけにホタル研究の道に進んだ。当時は、ホタルの幼虫が水中で生活していることもほとんど知られておらず、何を食べているのかも不明だった。北海道帝国大学教授で後に日本昆虫学会の会長になった松村松年氏も、「ゲンジボタルの幼虫は陸にいてカタツムリやナメクジを食べている」と記していた。

そうした中で、南氏はゲンジボタルの幼虫が巻貝のカワニナを食べることを独力で発見。自宅に研究室を作り、ゲンジボタルの飼育と研究に取り組んだ。

戦後の昭和26年（１９５１年）、守山でのホタル減少に歯止めをかけるべく、人工飼育による繁殖への挑戦を開始。クーラーもエアーポンプもない時代、10〜20度の低水温を好むホタルの幼虫を夏場に室内で飼育することは、困難を極めた。冷たい井戸水を足したり、水盤の水を何度も取り替えるなどの気が遠くなるような苦労を繰り返し、8年の歳月をかけて、室内飼育でのホタルの羽化に初めて成功した。

その後、「減りゆくホタルを人工飼育で守りたい」と考える多くの人が、全国各地から南氏の元を訪れるようになった。昭和43年（1968年）には全国ホタル研究同好会が発足し、守山で第1回研究大会が開催された。それから3年後の1971年、南氏は74歳の生涯を終えたが、亡くなる直前まで150匹の幼虫を飼育し、世話をしていたという。

南氏の死後、彼からホタルの生態や飼育について教わった後継者たちが、各地で地元の子どもたちの力を借りながら幼虫の飼育・放流を行い、一度ホタルが消えた川に、次々とホタルを復活させていった。

そして守山でも「ホタルのよみがえるまちづくり事業」の開始から3年後、昭和56年（1981年）の夏、鳩の森公園を流れる人工川に、7頭のゲンジボタルが空を舞った。

現在、全国各地の川でホタルの光が復活した背景には、ホタルに生涯を賭けた一人の男性の尋常ならざる情熱があったことは、忘れてはならないだろう。

58

ルリヒラタムシ

原生林のカードキー

新緑の眩しい5月下旬、ルリクワガタを探しに関川村の杁差岳《えぶりさしだけ》に登った。途中のブナ林で、倒木の上を走り回る瑠璃色の甲虫を目撃した。一瞬ルリクワガタかと錯覚したが、それよりも二回り以上大きく、そして圧倒的に平たい。ルリヒラタムシだ！と嬉しくなった。

　ルリヒラタムシは、安全地帯である樹皮下に潜り込んで生活するために、自らの体を限界まで平たく進化させた特殊な甲虫だ。25ミリを超える大型種だが、ＵＳＢメモリのように細長い姿で、体の厚さはクレジットカード程度しかない。「ちゃんと心臓や消化器が入っているのかな」と心配になる。

　私がルリヒラタムシを見つけて嬉しくなったのは、ブナの原生林まで行かないと見つけられない種であるからだけではない。本種の棲む場所では、ルリクワガタに加え

39　倒木の上を走り回る成虫。

て、ネキダリスの仲間やポエキラ（マダラゴマフカミキリ）、カンボウトラカミキリなどの稀少かつ美麗なカミキリムシなどが採れることが多いからだ。

予想通り、その後近くの立ち枯れでルリクワのオスとカンボウトラを採集することができた。ルリヒラタムシは、原生林に隠された秘密の扉を開くカードキーのような存在である。

ヒラタムシと並んで、原生林で見かける甲虫にナガクチキムシの仲間がいる。ルリナガクチキやキオビホソナガクチキのような美麗種もおり、一般的な知名度は低いが熱心な愛好家が多い。この仲間も原生林の「鍵」の一つであり、カミキリを探している最中にナガクチキを見つけると、思わず「リーチ！」と叫びたくなる。

かつて昆虫の人気度には、士農工商ならぬ「蝶甲蛾雑」というランクがあると言われていた。クワガタやカミキリなどのメジャー種以外の甲虫は「雑」カテゴリーに入れられ、「雑甲虫」という不名誉な総称で呼ばれている。しかし、雑草という名の草が存在しないことと同様、雑甲虫という名の甲虫は存在しない。それぞれの虫に個性があり、物語がある。

情報の普及と採集法の確立により、チョウやクワガタなどの人気のある仲間は、発生する時期に生息地に行きさえすれば、あとは努力と根性で採れる虫になっている。

しかし、ヒラタムシやナガクチキ、コクヌストやカッコウムシなどの仲間は、一定以上の知識と技術、そしてセンスが無いと、発生のピークに生息地に行っても、採集どころか発見すらできないものも多い。まさに選ばれし者たちのための甲虫と言えるだろう。

サイズの小さい甲虫は、重力から自由であるためか、大型の甲虫では決して見られないような、奇妙奇天烈な形をしているものが少なくない。異常に長い触角や首、巨大な大顎を持っていたり、何の役に立つのかわからない角や突起が生えていたりする。系統関係にも未知の部分が大きく、同じ科と思われていた仲間が全く別の複数の科に分けられたりすることは日常茶飯事である。採集者・研究者にとって広大なフロンティアであることは間違いない。

雑甲虫の世界は、メジャーな大型甲虫を「卒業」した人たちが、次に「進学」する世界である。瑠璃色に輝く原生林の名脇役であるルリヒラタムシは、この世界の扉を開けるカードキーにもなってくれるはずだ。愛されていないというよりは、知名度の低さゆえに愛が足りていない雑甲虫たちに愛を注ぐ人が増えることを祈りたい。

59 ニホンホホビロコメツキモドキ

虫歯になったかぐや姫

昆虫の世界では、雌雄モザイク（ギナンドロモルフ）と呼ばれる個体が稀に出現する。体の半分がオス、もう半分がメス、という変異個体だ。クワガタムシやチョウなど、雌雄の差がはっきりしている種の場合、雌雄モザイクは一目でわかるため、発見例も多い。世界最長のクワガタであるギラファノコギリクワガタ、世界最大級のチョウであるゴライアストリバネアゲハ、いずれも雌雄モザイクが記録されている。

一方、最初から身体の左右が非対称になっている昆虫も、少なからず存在する。カタキバゴミムシの仲間は、その名の通り、大顎の長さが左右で異なる。カタツムリなどの陸生貝類を食べるために、そうした形の方が都合良いからだと考えられている。

日本固有種であるニホンホホビロコメツキモドキは、メスの大顎が左右非対称にな

（写真上）メスの成虫。（写真下）メスの頭部、「頬」が張り出している。

っており、それが「広い頬」に見えることが名前の由来になっている。「虫歯になって腫れた頬」に見えなくもない。1883年に南国の肥後・伊豆産の標本を基に記載された、元来は東洋の熱帯に広く分布する仲間である。メダケやリュウキュウチク、アズマネザサなどの枯れた竹に集まり、成虫は春から秋にかけて見られる。大顎が非対称になっている方が、硬くて厚い竹に孔を開けるのに都合が良いようだ。

「コメツキモドキ」という名前から分かる通り、本種は外見こそコメツキムシに似ているが、全く別の仲間である。では何の仲間かというと、オオキノコムシの仲間である。キノコムシといえば、その名の通りキノコを食べて育つ菌食性昆虫のはずだが、本種はキノコではなく、竹に産卵する。では幼虫が竹を食べているかというと、そうではない。

メスは、その特徴的な大顎を使って孔を開け、竹の1節につき1つの卵を産み付ける。その際に、節の空洞の中に酵母菌を植え付ける。竹の表面には産卵痕《こん》が残る。孵化した幼虫は、節の中で酵母菌を食べながら成長する。他の節に移動することはなく、そのまま同じ節の中で蛹となるため、大きな節からは大きな成虫が、小さな節からは小さな成虫が出てくる。その結果、成虫の体長は最小8ミリから最大23ミリまで、同種とは思えないほど個体差が大きくなる。

２０２０年、名古屋大学大学院生命農学研究科の土岐《とき》和多瑠《わたる》氏らの研究グループが、竹の表面に作られた産卵痕が他のメスの産卵を抑制すること、その抑制効果は産卵痕が古いほど強まることを解明した。

本種のメスは、産卵痕のない新しい竹を探して産卵する。古い産卵痕のある竹には、基本的に他のメスは産卵しないが、新しい産卵痕のある竹＝節の中に産卵直後の卵がある場合には、他のメスが産卵することもあるという。卵が孵化する時間には個体差があり、気温などの環境条件によっては、後から産んだ卵が先に孵化することもある。そうすれば、先に孵化した幼虫が卵を殺し、その節を乗っ取ることができる、というわけだ。

竹の節という極小の空間の中で、「国盗《くにと》り物語」ならぬ「竹盗り物語」が展開されていると思うと、近所の竹林を見る目も変わってくるのではないだろうか。

竹林には、他にもハイイロヤハズカミキリやベニカミキリ、タケトラカミキリなど、竹を割ると見つかる「かぐや姫」のような甲虫が生息している。「虫歯になったかぐや姫」の奇妙な姿を拝むために、竹林を散策してみよう。

60 オオキノコムシ

湿潤な森のガリバー

　１９７０年代のクワガタ・カミキリの黄金時代＝離島での新種・未記録種の発見ラッシュが一段落し、大型美麗甲虫の採集や収集が頭打ちになった１９８０年代半ば、これまであまり目を向けられてこなかったゴミムシダマシやキノコムシ、ナガクチキムシやヒラタムシなど「雑甲虫」と呼ばれる仲間への関心が高まっていった。約６０００種を図示・解説した『原色日本甲虫図鑑』（全４巻）が刊行されて、同定が比較的容易になったことも影響している。

　同定の難しい種はなかなか人気が出ない傾向があるが、同定を可能にする図鑑やハンドブックの刊行をきっかけに、愛好家の間で関心や採集熱が高まることがある。甲虫の世界では「同定こそが正義」なのかもしれない。

　雑甲虫の中には、菌を食べる種が多い。

成虫の体長は16～36ミリと、個体差が大きい。

甲虫類の約半数の科が、朽木のように菌あるいは菌酵素によって変性した植物を食べていると言われており、甲虫と菌の間には切っても切れない関係がある。甲虫がここまで繁栄できたのは、菌を味方につけたことが大きい。

菌食甲虫の代表であるキノコムシの仲間には、特定のキノコしか食べないグルメな種もいる。5ミリ以下の小型種が多いが、強い光沢を持ち、赤・黄・青・紫などカラフルな模様をしているため、愛好家の興味を引く存在である。

キノコムシの集まるキノコは、マツタケのように地表に生えるキノコではなく、枯れ木に生えるキノコであることが多い。そして、種によってホストにするキノコが異なる。そのため、樹種が豊富で湿度の高い森に入っていかないと、なかなか採集することはできない。針葉樹だらけの森や、ブナだけの原生林では、採れる種類は限られる。適度に人手の入った二次林の方が、多くの種が生息しているという。多くのキノコが発生する雨上がり後のタイミングを狙うのがベストだ。

立ち枯れや倒木の下に生えているキノコの裏側をじっくり観察すると、あちこちにキノコムシが張り付いている姿が見える。あとは吸虫管で1頭ずつ吸い込むだけである。私は100円ショップで売っているピルケースに採集した個体を入れている。春から秋まで、比較的長い期間観察・採集できるのもキノコムシの魅力である。夏の灯火採集に飛んでくることもある。

　ゴマ粒〜米粒サイズの種が大半を占めるこの仲間の中で、35ミリを超える異様な巨《きょ》軀《く》を有しているのがオオキノコムシだ。まさに小人の国に降り立ったガリバーである。ブナに生えるサルノコシカケなどに集まると言われているが、その巨軀に反して身の隠し方が巧みであり、狙って探さないとなかなか見つからない。

　私もこの用心深いガリバーを3年程探し回り、7月下旬の夕方、胎内のブナ林でようやく見つけることができた。日没後のブナ林に入るのは勇気が要るが、昼間よりも夕方以降に探すと見つけやすいようだ。灯火採集で得ることもできる。本種は幼虫越冬だが、11月に朽木を割ったら成虫が出てきて驚いたことがある。

　本種は前胸背板などに赤〜オレンジ色の美しい斑紋が入っているが、標本にすると色褪せてしまう。何の効果があるのかは不明だが、成虫はピーナッツバターのような芳《かんば》しい香りを放つ。ライブでしかその魅力を味わえないガリバーの姿を探して、雨上がりの森を散策してみてほしい。

61

ナミテントウ

庭先にいる世界の覇者《はしゃ》

庭先や公園で最も普通に見られるテントウムシは、ナミテントウである。近代生物分類学黎明期の１７７３年に記載された歴史を持つ。翅の斑紋には２００以上のパターンがあり、15種に分けられて記載・命名されていたが、記載から約百年後の１８７４年、同じ種の色彩変異であることが分かり、１種にまとめられた。

最初に学名がついた日本のテントウムシ

テントウムシは、西洋では「聖母マリアの虫」「神様の虫」と呼ばれている。手のひらに乗せると指先へと登っていき、天高く飛び立つその姿が、天国の席を予約してくれるように見えたのだろう。ちなみに国内には、文字通りの天上の世界＝中央アルプスと南アルプスなどのハイマツ帯にのみ生息する、ダイモンテントウという日本固有の稀少種もいる。

同種とは思えないほどの多様な色彩変異を持つ。

は、ツュンベリーによって採集されたヒメカメノコテントウ（１７８１年記載）である。日本人として本格的にテントウムシを研究した栗崎真澄氏は、大正時代に精力的に論文を発表し、数多くの新種を記載・命名した。だが、そのほぼ全てが既に外国で命名されていた種であることが後に判明。氏の名前と努力は歴史の闇に葬られてしまうと思われたが、１９７１年、昆虫学者の佐々治寛之氏は、これまで１種と思われていたナミテントウの中に、もう１種が含まれていると発表した。これは栗崎氏が「ヅボシテントウ」として命名していた種であった。別種であることを見抜いていた氏の卓見を称えるため、佐々治氏の提唱により「クリサキテントウ」という和名がつけられた。

　テントウムシは、幼虫・成虫ともに農作物の害虫であるアブラムシを大量に食べることから、益虫の代表として昔から知られている。１８８０年代末のアメリカ・カリフォルニアの柑橘《かんきつ》産業は、外来種のイセリアカイガラムシによって壊滅的な被害を受けていた。そこで農務省の昆虫学者は天敵のベダリアテントウを大量に殖やし、柑橘園に放った。するとイセリアカイガラムシは瞬く間に食べ尽くされ、カリフォルニアからほぼ一掃されたという。

ナミテントウも、アブラムシに対する生物的防除の切り札として、世界各国で放されるようになった。しかし、本種はアブラムシだけでなく、元々その国に生息していたテントウムシの卵や幼虫まで貪欲に捕食し、自力で分布域を広げていく底力を持っていた。

今では北米や南米、ヨーロッパやアフリカの各国で、それまでの在来種を駆逐し、「最も普通に見られるテントウムシ」の座を占めるようになっている。これ以上ナミテントウが拡散してしまうことを防ぐために、飛翔能力の低い個体同士をかけ合わせることを繰り返して、「飛ばないナミテントウ」を開発する試みも行われている。

日本では庭先や公園で普通に見られる在来種であるが、世界的に見れば最強レベルの外来種であり、覇道を目指す暴君のような種である。近年、これまで分布しないとされてきた沖縄島や石垣島でも記録されている。

そう考えると、日本国内で約１８０種ものテントウムシがナミテントウに負けずにそれぞれの種を維持していることが、実はかなり奇跡的なことなのではないだろうか。日本のテントウムシたちは、この暴君をうまく封じ込める魔法を知っているのかもしれない。

62 ルイスホソカタムシ

ルイスの名を冠する者たち

ルイスホソカタムシは、日本で最も細長い甲虫の一種である。6〜11ミリ程度の小型種で、日本全土に分布しているが、採集記録はあまり多くない。

なぜ、こんな不自然にも程があるような細長い姿をしているのか。その答えは、本種の食性にある。本種の主食は、木に穴を開ける害虫・キクイムシ類である。キクイムシが開けた坑道に侵入するために、こうした細長い形態をしていると考えられている。

近年、ナラ枯れの原因となる「ナラ菌」を媒介するカシノナガキクイムシの分布拡大とともに、本種も各地で採集例が報告されている。森の倒木や立ち枯れに殺虫剤のアースジェットを噴射して、樹皮下や坑道の中に隠れている虫を落下させる「スプレーイング」という、限りなく反則に近い方

55　木の上を歩く成虫。

法で採集することができる。

　本種を始め、「ルイス」の名を冠する昆虫は40種以上存在する。その由来は、イギリス人貿易商のジョージ・ルイス（１８３９〜１９２６年）である。エンマムシ科を専門とする甲虫の研究者でもあった彼は、生涯の中で日本を2回訪れている。

　１回目は幕末の１８６７年から5年間、長崎や関西で採集を行っている。尊皇攘夷《そんのうじょうい》の嵐が吹き荒れる中、外国人の殺傷事件も起きている物騒な時代に、言葉の通じない異国の地にやってきて甲虫を採り続ける胆力は凄まじいとしか言いようがない。

　２回目は１８８０年からの2年間、妻ジュリアを同伴して北海道から鹿児島まで、日本本土を採集して回り、膨大な数の甲虫類をイギリスに持ち帰った。その数は、ホソカタムシだけで35種（！）。カミキリムシに至っては２００種以上（!!）になる。ルイスホソカタムシは、１８８１年にルイスが熊本県の湯山（水上村）を訪れた際に採集されたと言われている。

　ルイスが発見した甲虫の中には、ルリクワガタや好蟻性昆虫をはじめ、現代でも採集の難しい種がたくさん含まれている。幕末〜明治初期の日本は、現代とは比べ物にならないほど自然環境が良好であったという点を差し引いても、にわかには信じがたい成果だ。

アースジェットはもちろん、Googleアースもスマホも自動車もない時代、そして生態も食樹も発生時期も採集方法もはっきりわかっていない中で、限られた滞在期間の中、現代の我々でも発見が難しい稀少かつ微小な甲虫を次々に採集していった彼は、一体何者なのだろうか。彼らの採集旅行に助手として同行した日本人、採集人として雇われた日本人もいることが知られているが、具体的な採集方法については、ほとんど記録が残っていない。日本昆虫史に残るミステリーである。彼が「神の目」と「神の手」を併せ持つ、稀代の甲虫ハンターだったことは間違いない。

ルイスの名を冠する者たちは、魅力的だが採集の難しい甲虫が少なくない。ヤマハンノキやオオバヤシャブシの衰弱木に集まるルイスナカボソタマムシも、鞘翅《しょうし》の鮮やかな青藍色紋が特徴的なルイスヒラタチビタマムシも、頭胸部が赤銅色に輝くルイスオオゴミムシも、野外ではなかなか見つからない。ルイスハンミョウに至っては絶滅危惧種だ。

フィールドでルイスの名を冠する者たちの探索に疲れ果てて空を仰《あお》ぐ時、悪魔と取引をして、自分の目を「ルイスの目」と交換したくなる誘惑に駆られる。

63

オオナガニジゴミムシダマシ

立ち枯れのジルコニア

その名に「ニセ」「ダマシ」「モドキ」がつく昆虫は数え切れない。昆虫学者が命名に手抜きをしているわけではなく、そもそも人間の語彙力《ごいりょく》では、膨大な種数が存在する昆虫の多様性を言語化しきれない、というのが理由である。所詮《しょせん》人間の作り上げた人工物にすぎない言語では、自然のすべてを記述することはできない。昆虫も、人間にとっては語りえぬものの一つである。ファーブルはダーウィンの進化論を支持しなかったが、彼らの多様性を人間の浅知恵で説明できるとは思えなかったのだろう。

そうした人間の語彙力をはるかに超えた多様性に満ちている昆虫の世界の中でも、最も多様な科を一つ上げるとすれば、ゴミムシダマシ科であろう。地味な形や色の種が多いが、甲虫のほとんどの科に、それと似たゴミムシダマシがいるという。

59　幹の上を歩く成虫。複数で密集していることも多い。

日本のゴミムシダマシ科にも、「ハムシ」ダマシ、「オサムシ」ダマシ、「コクヌスト」モドキ、「マグソコガネ」ダマシ、「テントウ」ゴミムシダマシ、「キノコ」ゴミムシダマシなど、様々な「ダマシ」や「モドキ」がいる。海外には大きな大顎を持ち、どうみてもクワガタにしか見えない種もいる。他科の甲虫の外見を盗む能力＝盗賊の極意を習得しているとしか思えない。

ゴミムシダマシ科は、かつてはどの科なのかわからない甲虫をとりあえず放り込んでおく「ゴミ箱」的な存在であったそうだが、現在はきちんと独立した一科になっている。自らを他の甲虫に似せることによって生き延びているため、自力では輝けないネクラでヘタレな虫と思われがちだが、そんなゴミダマの中でも、自ら輝きを放つ美しい種がいる。

アオハムシダマシの仲間は、全身が強い金緑色に輝く美麗種である。タマムシやハンミョウに匹敵する美しさを持つ甲虫だが、7〜12ミリ程度と小さく、春先にカエデやミズキの花を掬《すく》うと嫌になるほど大量に採れてしまう種のため、愛好家の人気は決して高くない。

テントウムシのような可愛い体型で、虹色に輝くホンドニジゴミムシダマシという種もいるが、5〜7ミリ前後の大きさしかなく、目が慣れれば森林公園の手すりの上などで普通に見られる種のため、こちらもネクラな日陰者から脱しきれていない。

そうした中で、別格の輝きと存在感を放つのが、オオナガニジゴミムシダマシだ。体長は最大14ミリ程で、国内に生息するナガニジゴミムシダマシの仲間の中で、本種だけが全身から虹色の光沢を放つ。

立ち枯れに密集して太陽光を乱反射する姿は、まさに宝石騙《だま》し＝人工ダイヤモンドのジルコニアのようだ。低地の照葉樹林から標高１０００メートルほどのブナ帯にかけて生息しているが、見かける機会は多くない。６月下旬、新潟における昆虫の聖地・胎内にて、ブナの立ち枯れで採集したことがあるが、それ以外の場所では一度も見たことがない。

２０１６年、ゴミダマとフン虫の世界的権威である益本仁雄氏と甲虫採集の鬼才である秋田勝己氏によって、国産４６４種を網羅した『日本産ゴミムシダマシ大図鑑』が刊行された。ゴミダマの全種が掲載された図鑑がある国は、おそらく世界でも日本だけだろう。ジルコニアの輝きに魅せられた人は、日本に生まれた幸運を噛みしめながら、ぜひ本図鑑を入手して、人間の語彙力では語り尽くせない魔力を持った「ゴミダマ沼」にハマってほしい。

64 ヒメツチハンミョウ

執念の追跡者《チェイサー》

5月下旬、妙高市の火打山で、まだ雪の残る登山道を歩くツチハンミョウを発見した。残雪の白とメタリックブルーに輝く体色のコントラストが目に焼きついている。

ツチハンミョウは、見た目も生態も奇妙な昆虫である。柔らかい身体を持ち、後翅が退化しているため、飛ぶことができない。でっぷりとしたお腹を重たそうに引きずって歩く。食べごたえのありそうな見た目だが、体液に猛毒のカンタリジンが含まれているため、捕食者に狙われることはない。不用意に体液に触れると皮膚炎になるので要注意だ。

ツチハンミョウの幼虫は、ハナバチの巣に寄生して成長するという特異な生態を持っている。ファーブルの『昆虫記』にも観察例が登場することで有名である。

日本固有種のヒメツチハンミョウも、ハ

63　草の上を歩くオスの成虫。オスには触角の途中に膨らんだ部分がある。

ナバチの仲間の巣に寄生するということまでは分かっていたが、詳しい生態は謎に包まれていた。

この謎を解き明かした名探偵が、在野の昆虫研究者でもある画家の舘野鴻氏である。舘野氏は、８年にも及ぶ膨大な時間を費やして幼虫の行動を追跡し、これまで明らかになっていなかったヒメツチハンミョウの生態の一端を解明することに成功した。

本種のメスは、４月頃に草原の裸地に開いている穴＝コハナバチの営巣地近くに産卵する。その数は、１回で約５０００個。間隔を空けて数回産卵するため、１頭のメスが、合計で１〜２万個以上の卵を産むことになる。本種のメスがでっぷりしたお腹をしている理由がよく分かる数字だ。

孵化した１齢幼虫は、コハナバチの巣に寄生するわけではない。真のターゲットは、ヒメハナバチである。コハナバチの巣穴に集まった１齢幼虫は、そこから羽化してくる新成虫にしがみついて、花に移動する。そこから様々な昆虫を経由して、ヒメハナバチに乗り移る。

１齢幼虫の寿命は、わずか４日程度。その間にヒメハナバチの追跡に失敗した幼虫や、誤って他の昆虫に乗り移ってしまった幼虫は、全て死滅してしまう。

だったら最初から成虫がヒメハナバチの

巣に突撃して、討ち死に覚悟でダイレクトに産卵すれば良いのでは、と思ってしまうが、1齢幼虫を人為的に寄主の卵に付着させても、何も食べずにそのまま死んでしまうという。幼虫は、寄主の身体にしがみついて移動するという過程を経ない限り、食欲が誘発されないらしい。仲間の死や命の危機を感じさせないとフルパワーを出せない、少年マンガの主人公のようだ。

無事に巣にたどり着いた幼虫は、育房内で花粉団子を食べて成長する。5齢幼虫になると、コガネムシの幼虫のような姿に変身し、育房を噛み破って地中を移動し、別のヒメハナバチの巣を探り当てて、幼虫や花粉団子を食べる。6齢幼虫は「擬《ぎ》蛹《よう》」と呼ばれ、体表が硬化して全く動かなくなる。この段階に何の意味があるのかは不明である。ここからもう一度脱皮して7齢幼虫になり、移動も食事もしないまま蛹になり、羽化する。

秋に地上に現れた新成虫は、翌年の春まで食草を食べ続けて、再び産卵をする。1齢幼虫がヒメハナバチの巣にたどり着くまでのドラマは、舘野氏によって描かれた美しい細密画の絵本『つちはんみょう』で存分に堪能することができる。ヒメツチハンミョウは、生態観察の難しさと奥深さを教えてくれる名虫である。

65

ヒラズゲンセイ

土佐に棲む真紅の怪虫

　近年、「赤いクワガタ」のような姿をした奇妙な甲虫が近畿地方に出現し、メディアを賑わせることがある。その正体は、ヒラズゲンセイだ。漢字では「平頭芫青」と書く。

　成虫は全身がどぎつい赤に染まり、唐辛子のような匂いを放つ。その名の通り不自然に平たい頭部とずんぐりした胴体というアンバランスな体型をしている。

　本種はツチハンミョウの仲間で、幼虫はキムネクマバチの巣に寄生し、花粉団子を食べて育つ。5月中旬〜7月初旬に成虫になった後は、何も食べずに交尾・産卵して死ぬ。アニメに出てきそうな強烈な配色と極端な雌雄差、最大で30ミリを超える大きさ、そして奇妙な生態を持つ、日本屈指の怪虫である。

　巨大な大顎と頭部を持っているのはオス

67　巨大な大顎と頭部を持つオスの成虫。メスの頭部は極端に小さい。

で、メスの頭部は二回りほど小型になる。同種とは思えないほど雌雄で見た目が異なるため、高知県で陸生貝類を研究していたナチュラリスト・佐々木重治氏によって採集された個体が１９３６年に記載された際、オスが「ササキトビイロゲンセイ」、メスが「トサヒラズゲンセイ」という名で、それぞれ別属の新種として記載されたという逸話が残っている。

その後、１９８５年に昆虫学者の黒沢良彦氏によって、東南アジアに広く分布する種と同一であることが突き止められ、本種の学名と名前から「トサ（土佐）」の文字は消えた。しかし、高知県の愛好家の中には、土佐が誇る名虫を讃え、佐々木氏の功績を後世に残すためにも、「トサヒラズゲンセイ」という和名を復活させてほしい、と願う人もいる[vi]。

元々は、高知県などの四国〜九州から東南アジアにかけて分布する南方系の種であったが、この40年間で北上を続けている。高知県では準絶滅危惧種に指定されているが、神戸や京都、滋賀などで発見例が増加している。寄生対象であるクマバチの巣さえあれば、自然度の高くない都市部にも分布を広げられるため、都会の公園や寺社、住宅地の植え込みで発見されることもある。

派手な見た目のインパクトから、つい素

手で捕獲してしまいそうになるが、体液中に皮膚に炎症を起こすカンタリジンが含まれている危険生物であり、うかつに触るのはリスキーである。報道でも「見つけても触らないで」と呼びかけられている。ヒラズゲンセイの派手な色は、「食べるな危険」という警告色である。

日本国内には赤い色のヒラズゲンセイ、全身がレモンイエローに染まるキイロゲンセイが生息しているが、ヨーロッパには全身がメタリックグリーンに輝くミドリゲンセイが生息している。キリスト教で離婚が厳しく制限されていた中世ヨーロッパでは、どうしても夫と別れたい妻が、密かに毒殺という手段を講じる事件が時折起こったが、その際に使われた毒の中には、ミドリゲンセイが入っていたという。媚薬《びやく》の原料として使われることもあり、１７７２年、フランスの作家マルキ・ド・サドは、売春婦たちにミドリゲンセイの入った調合薬を飲ませた罪で告訴され、国外逃亡中に死刑を宣告されている。

痴情《ちじょう》のもつれや性機能の衰えを昆虫の力で解決しよう、という人間の発想は、文字通り虫の良い話でしかない。怪虫を怪虫たらしめるのは、昆虫自身の容姿や生態ではなく、昆虫を利用する人間の行いであることは間違いない。

66 ルリボシカミキリ

極東のフェルメール・ブルー

日本の名虫を語る上で、本種を外すわけにはいかない。万人が認める、名虫の中の名虫である。

生物学者の福岡伸一氏は、著書『ルリボシカミキリの青』の中で、ルリボシカミキリの美しさを、「光の魔術師」と呼ばれた17世紀オランダの画家・フェルメールを引き合いに出して称賛している。海の青や空の青とも異なるその美しさは、まさに「ルリボシカミキリの青」としか言いようのない色だ。

２０１２年、フェルメールの代表作である「真珠の耳飾りの少女」が来日した。私も名作をひと目見たいと思い、会場の東京都美術館に向かった。予想通り、長蛇の列ができていたが、数時間並んで、ほんの数十秒だけ、実物を見ることができた。

肉眼で見た「真珠の耳飾りの少女」は、

伐採木に飛来した成虫。

描かれてから３５０年ほど経っているにも関わらず、昨日描かれたばかりのような新鮮さに満ちており、驚いた。フェルメールは、当時金に匹敵する価値のあった青い宝石・ラピスラズリの粉を使って少女のターバンを塗った。それゆえに色褪せない。

時を超えて美しさを保っている「真珠の耳飾りの少女」の青とは違い、ルリボシカミキリの青は、残念ながら個体の死後、色褪せてしまう。生時の色彩を維持する術は、未だ開発されていない。ルリボシカミキリの青を見るためには、野外で生体を発見するしかない。

大人になって昆虫採集を再開してから、「ルリボシカミキリに出会う」ことを第一の目標にして、新潟県内のあちこちの野山に繰り出した。「ブナ林に生息する」という情報を元に、県内のブナ林百選になっている場所をひたすら回った。高山にも登った。しかし、影も形も見当たらない。最大で38ミリ近くになり、圧倒的に目立つ色彩の種であるにも関わらず、足を棒にして3年間探し続けても、全く見つからない。このまま諦めるしかないのか。

そんな中、新潟における昆虫の聖地・胎内で偶然知り合った方に、ルリボシカミキリが生息するポイントを教えてもらうことができた。ブナ林でも高山でもなく、新潟市から高速に乗って20分ほどのインターを降りた先にある里山だった。こんな場所に本当にいるのだろうか。小学生の息子と一緒に、半信半疑で足を踏み入れた。

　すると、ケヤキの伐採木の上に、この世のものとは思えない、信じられないような青さの甲虫が鎮座していた。明らかに、その青さだけが周囲の風景から浮き上がっている。一瞬フリーズしてしまったが、すぐに息子に号令を飛ばして、採集することができた。

　憧れのルリボシカミキリに出会えて感無量の中、我に返って周囲を見渡すと、伐採木のあちこちに、大量のルリボシカミキリが走り回っている光景が広がっていた。青、青、青。飛翔している個体、交尾している個体もいる。3年間探し続けて1頭も見つからなかったことが、嘘のようだ。ここは天国なのか。

　フェルメールの作品は世界に37点しか現存せず、日本国内で見ることは難しいが、ルリボシカミキリ亜属はさらに少なく、世界にわずか6種のみ。その中の1種が日本固有種であることは私たちにとって僥倖《ぎょうこう》である。出会うためには自らの足で野山を歩いて探すしか無いが、その価値は十二分にある。ぜひ自らの目で、極東のフェルメール・ブルーを堪能して欲しい。

67 オニホソコバネカミキリ

幻のギガンティア

毎年6月中旬頃になると、ツイッター上で「ソリダ」「オダイ」「アルマン」といったワードが飛び交う。これらはいずれも、ネキダリスと呼ばれるホソコバネカミキリの仲間の学名だ。

ネキダリスは、国内で異様な人気を誇るグループである。採集の難しさ、ヒメバチに擬態している独特のフォルムが多くの愛好家を惹きつけていると言われているが、研究者の草間慶一氏、採集名人の露木繁雄氏、生態研究の郷遠氏など、戦後に活躍した名だたるカミキリ界のレジェンドたちがネキダリスに関わっていたことも影響しているのだろう。

日本が高度経済成長期の真っ只中であった１９６０年代後半～１９７０年代半ばは、カミキリ界の黄金時代だった。１９６８年に小笠原諸島、１９７２年に沖縄が本土復

75　成虫の標本。明治42年（1909年）に岐阜県飛騨から記録された時は「ハチカミキリ」と呼ばれていた。

帰したことを機に、多くの愛好家が競い合って離島にわたり、様々な固有種・未記載種を発見した。開発の進行により、全国各地で伐採地が生まれ、伐採木の集積地（土《ど》場《ば》）に行けば、そこに集まる多種多様なカミキリを容易かつ大量に採集できた。

そうした中で、ネキダリスも１９６９年に奄美大島、１９７０年には屋久島から新種が見つかり、１９７１年には高校生が北海道で日本未記録の種を発見。１９７２年には本州で日本未記録種が発見され、４年連続で未記録のネキダリスが発見されるという前代未聞の事態になった。この時の衝撃で脳を焼かれてしまった愛好家たちが、今日まで至るネキダリスの人気を支えているのだろう。

私はネキダリスの一種であるソリダ（オオホソコバネカミキリ）を採集したことがある。先人から教えてもらった有名産地の有名ポイントで採る、いわゆる「釣り堀採集」ではなく、晩秋に人気のないブナ林の下見をして、ソリダの集まりそうな立ち枯れに目星をつけておき、翌年6月下旬に現地を再訪して見事自力採集に成功したのである。どうだ（自慢）。

しかし、ソリダはネキダリスの中では入門種であり、最も採集の容易な種に過ぎない。オダイ（ヒゲシロホソコバネカミキり）に至っては、年間でわずか1週間〜10日ほどしか出現しない。週末しか採集に行けない学生や会社員の愛好家は、事実上、毎年1回しかチャンスがないことになる。発生時期を見誤ったり、当日の天気が悪かったりすれば、次の機会はまた1年後になってしまう。あまりにもシビアだ。

難関種揃いのネキダリスの中で、最も人気が高いのは、オニホソコバネカミキリ＝通称「ギガンティア」である。35ミリを超える世界でも最大クラスのネキダリスであり、日本固有種であるため、国蝶ならぬ「国《こく》ネキ」とも呼ばれている。昭和8年（1933年）に探検家・昆虫学者の鹿野忠雄氏によって記載されたが、明治37年（1904年）に刊行された動物学の教科書には既に図示されており、当時の山村では普通種だった可能性もある。

長らく幻のカミキリだったが、1959年7月、群馬の裏日光に点在するクワ畑で、露木繁雄氏らが採集に成功。以降、「クワの古木で採れる」ということが判明し、裏日光のクワ畑は愛好家のメッカになった。東京都内でも採集例はあり、2022年7月、奥多摩町にて51年ぶりに採集された[viii]。全てのカミキリ愛好家を魅了してやまないこの幻の巨人は、意外と身近に潜んでいるのかもしれない。

68

フタコブルリハナカミキリ

日本の「国《こく》ハナカミキリ」

花に集まるハナカミキリの仲間は、文字通りカミキリ界の花形である。スマートで上品な体型を持ち、赤・青・黄色・瑠璃色など、多様な色彩の種が揃っている。爽やかな快晴の日、見晴らしの良い高原で、残雪の輝く高山をバックにしながら、花に集まる色とりどりのカミキリを掬うのは、数多ある採集の中でも屈指の爽快体験である。ピドニアと呼ばれるヒメハナカミキリの仲間は、似たような模様や形態の種が多く、非常に同定が難しいが、そのほとんどが日本固有種であり、迷宮のような多様性に魅せられた愛好家も多い。ゼフィルスやカトカラと並ぶ、日本を代表する昆虫群だ。花に集まるカミキリは、初心者から玄人《くろうと》まで楽しめる、役者揃いのグループである。

　そんなスターたちがひしめきあう中でも、ひときわ大型で美しく、高い人気を誇るの

イケマの花に飛来したオスの成虫。

がフタコブルリハナカミキリだ。北海道から九州まで広く分布し、地域による上翅や触角の色彩変異も多い。戦前、当時中学生だった昆虫学者の白水《しろうず》隆氏によって福岡市内の南公園で採集された記録が残っているが、現在は、自然の豊かな山地まで行かないとまず出会えない。

『日本産カミキリムシ大図鑑』の著者である藤田宏氏は「格調高い緑色がかった青色の、エレガントなプロポーションはカミキリムシの愛好家を魅了してやまない」と称賛した上で、本種を日本の「国ハナカミキリ」に推奨《すいしょう》したいと記している。

私も本種を採集することが長年の夢であった。下越から中越の山々に咲いているミズキやヤマボウシを散々探し回ったが、残像すら見えない。本種が擬態しているとされるカミキリに似た肉食甲虫・アオジョウカイは嫌になるほど見たが、肝心の本種は全く見つからない。

本書の企画が決まった時、「フタコブルリハナを採ったことがないのに、偉そうに『日本百名虫』とか書く資格はないよな……」と思い、改めて本種の採集にチャレンジすることを決意した。

しかし、時期は既に8月下旬。ハナカミキリのベストシーズンは終わっており、晩夏まで活動するマルガタハナカミキリやアカハナカミキリくらいしか採れない可能性が高い。

　そこで、ダメ元で標高の高い亜高山帯で狙うことにした。標高の高い涼しい地域であれば、晩夏になっても、まだ生き残りがいるはずだ。そう祈りながら、車で片道3時間半かけて、上越・糸魚川の亜高山帯に向かった。

　現地につくと、幸いにもまだショウマやシシウドなどの花が咲いており、アオアシナガハナムグリやブチヒゲハナカミキリなど、平地では見つからない甲虫をたくさん見ることができた。アオジョウカイも無数に飛び交っている。しかし、肝心のフタコブルリハナがいない。3時間近く林の中を探し回ったが、やはり残像すら見えなかった。

　もう諦めるしかないのか……と思い、ガックリと肩を落として帰りの林道を歩いていた時、林道の脇に咲いていたシシウドに、巨大なアオジョウカイが静止している姿が目に入った。思わず自分の目を疑ったが、間違いない。フタコブルリハナだ!!　反射的にネットを振り下ろし、恐る恐る中を覗いてみると、格調高い緑色がかった青色の上翅、そしてエレガントなプロポーションの甲虫が入っていた。この日の感動は、一生忘れられないだろう。

69
キベリカタビロハナカミキリ
信州のパキタ

かつて、長野県は昆虫の研究者や愛好家にとっての理想郷であった。北・中央・南の3つのアルプスが聳《そび》える国内有数の山岳地帯であり、平地では決して見られない高山性の魅力的な昆虫が数多く生息している。ザザムシやハチノコ、カイコやイナゴなど、伝統的な昆虫食の文化もある。現在は交通機関が発達し、沖縄や北海道、離島や海外にも容易に行けるようになったが、戦前までの昆虫界の聖地は間違いなく長野＝信州であった。

昆虫少年であった作家の北杜夫氏は、信州の高山性昆虫に憧れ、それらの採集を目的にして、旧制松本高等学校に進学した。戦前から多くの研究者や愛好家が信州を訪れ、様々な調査や記録を残している。

そんな信州を代表する名虫の一つが、キベリカタビロハナカミキリである。同じく

ノリウツギの花に飛来したオスの成虫。

亜高山帯に生息する美麗種のキベリタテハと同じく、全身が深い黒色に染まり、上翅の側縁部に黄色い帯＝「黄縁《きべり》」が入る。体長は13～27ミリで、カミキリ離れした長い脚を持ち、飛行中のオスは翅の生えたクモのように見える。ノリウツギやリョウブ、ゴトウヅルやシシウド類などの花に集まる。その学名から「パキタ」という愛称で呼ばれ、カミキリ愛好家の憧れの的になっている。

　上翅の斑紋には個体差があり、それぞれ型名がつけられている。１９６１年に刊行された北杜夫氏の『どくとるマンボウ昆虫記』でも、「タマヌキイ（*tamanukii*）」と「クサマイ（*kusamai*）」という型名が出てくる。タマヌキイの由来は、戦前から戦後にかけてサハリンに滞在して『樺太《からふと》昆蟲誌』などを著し、「樺太に玉貫あり」と謳われたカミキリ研究者の玉貫光一氏である。クサマイの由来は、日本産カミキリムシの権威である草間慶一氏である。

　本種は8月上旬の晴れた日に、亜高山帯の尾根筋にあるトウヒやコメツガ、オオシラビソに飛来する。本種に出会うためには、結構な長さの登山をしなければならない。運が良ければ、立ち枯れに次々に本種が飛来して集団で木の幹を走り回る、いわゆる「運動会」状態の光景に出会えることもある。１９７０年代初頭、南アルプス登山の玄関口である静岡・二軒小屋周辺で伐採が行われていた頃は、本種が山のように採れたという。古き良き時代である。

信州には本種を始め、標高２０００メートル以上のハイマツ帯に生息するオトメクビアカハナカミキリや、国産カミキリの中で最稀少種の一つであるアカムネハナカミキリなど、魅力的なカミキリが多数生息している。１９７６年に刊行された長野県に生息するカミキリをリスト化した『長野県のカミキリムシ』は、２０００部も売れて増刷もかかったという。

本種は本州の中部域にのみ生息すると思われてきたが、１９７３年、信州から遠く離れた熊本県の椎矢峠《しいやとうげ》で発見され、大きな話題を集めた。九州産の個体には、昆虫学者の上野俊一氏の名前から「ウエノイ（*uenoi*）」という型名が付けられている。本種には、まさに日本のカミキリ界の歴史そのものが詰まっていると言える。

私の地元・新潟でも、妙高や糸魚川など、北アルプスのある長野方面に近づくほど、新潟の他の地域ではまず見られないような稀少種や美麗種のカミキリが採れるようになる。交通網や登山道の整備によって、かつての理想郷の面影は薄れたものの、まだまだ信州には夢がある。

70 オオトラカミキリ

いつかはオオトラ

樹冠に棲む昆虫には、タマムシやゼフィルスを始め、魅力的な種類が多い。一方で、採集者にとって樹冠は鬼門である。現在市販されている昆虫採集用の長竿は最長でも10メートル前後なので、それ以上の高さがある木の樹冠に棲む昆虫は、採集が一気に難しくなる。

　東南アジアの熱帯雨林では、樹冠の昆虫を採集・調査するために、木登りの専門職人を雇う、巨費を投じて飛行船を飛ばす、樹冠と樹冠の間に吊り橋を架ける、高層ビル建設用のクレーンを使うなど、マンガに出てくるお金持ちの少年が考えつきそうな方法がとられている。しかし、日本国内でそうした試みを行うことは、現実的に不可能に近い。

　樹冠に棲む採集困難な昆虫の中でも、その圧倒的な稀少性と巨大さで「最高峰」と

産卵のために幹を歩き回るメスの成虫。

呼ばれている難攻不落の種がオオトラカミキリである。スズメバチに擬態した黄色と黒の模様に身を包み、最大で33ミリに達する。トラカミキリの仲間の中ではずば抜けて大きい種だ。

かつては大ベテランの採集者でも一生に一度採れるかどうかといわれていた「雲の上」の存在だったが、「モミの木の上」にいるという生態が判明して以降、狙って採れない虫ではなくなった。8月下旬から9月上旬にかけて、台風の過ぎた後の炎天下の日、メスは産卵のために樹冠から降りてくる習性があるため、運が良ければ幹を歩いている個体を採集できる。しかし、オスは台風が来ようが槍が降ろうが、まず樹冠から降りてこない。

「降りぬなら　登って採ろう　オオトラカミキリ」ということで、自力でモミの木によじ登って採集を狙う人や、高木に登る筋力をつけるべく、ジムに通って肉体改造を試みる猛者《もさ》もいるという。数多の採集者たちが挑み、モミの木の見上げすぎで首を痛めて、あるいは木から転落して家族から採集を止められ、志半ばで戦線離脱していった。

毎年晩夏~初秋に台風が来ると、オオトラを狙うチャレンジャーたちがソワソワし始める。「明日、出撃します！」「今年こそは採るぞ」と宣言する人も出てきて、ツイッターのタイムラインが騒がしくなる。しかし、その翌日には「今年もダメでした」という敗戦報告と、何もいないモミ林の画像だけが虚しくタイムラインに流れる結末が待っている。

　私も8月下旬、人生初のオオトラ採集を目指して、上越にある亜高山帯のモミ林に向かった。現地に到着し、モミの木を一本ずつ調べていくと、2メートルほどの高さから、突如大きめのカミキリムシが降りてきた。「おおおっ、まさかのビギナーズラック！」と色めき立ってネットに入れた個体は、オオトラではなく、亜高山帯の針葉樹林でよく見かけるシラフヒゲナガカミキリであった。

　２０２２年1月、栃木県那須塩原市にある約30万年前の地層から、オオトラカミキリの化石が発見されたことが発表された[viii]。カミキリムシの化石は、世界的にも非常に少ない。30万年前の日本では、化石として残るほど個体数が多く、そこら中のモミの木でオオトラカミキリが闊歩《かっぽ》していたのかもしれない。タイムマシーンが発明されるその日まで、我々カミキリ愛好家は、「いつかはオオトラ」と願いながら、首が痛くなるまで、モミの木の上に広がる虚空《こくう》を見上げ続けるしかないのだろう。

71

オオアオカミキリ

黄昏時のラスボス

日本には、名前に「アオ」とつく緑色の甲虫が数多く存在している。アオカナブンやアオハナムグリ、そしてアオオサムシもアオタマムシも、いずれも青色ではなく、美しい緑色をしている。古代の日本人が使っていた「青《あを》」という言葉には、現在の青と緑の両方が含まれていたという。両者の区別がつけられ始めたのは、平安時代末期〜鎌倉時代になってからと言われている。

カミキリムシの仲間にも、アオスジカミキリやハンノアオカミキリなど、名前に「アオ」のつく種はいるが、その中でも最も大型かつ美麗な種が、オオアオカミキリである。体長は最大で36ミリを超え、全身が深い青色〜金緑色に輝く。まさに古代の日本人が愛でていた「あを」の美しさを体現したかのようなカミキリである。対馬や日本海側の個体は青みが強くなる傾向があ

91　オスの成虫標本。オスは触角の長さが体長の倍以上になる。

る。累代飼育で青みの強い雌雄をかけ合わせて、さらに青い個体を作出する試みも行われているという。

札幌市と神戸市で採集された個体を基に記載された種であるが、現在は山地まで行かないとまず出会えない。

イタヤカエデやイロハモミジをホストとする近縁種のアオカミキリに似ているが、本種は触角が体長より長く、オニグルミやサワグルミをホストにしている。

オオアオカミキリは、晩夏の夕暮れ時にオニグルミなどの老木に集まる習性があるが、環境の良いポイントでも全く見つからないことも多い。カラスザンショウの花や、リョウブやノリウツギ、セリ科植物の花にも飛来するが、警戒心が非常に強く、人の気配を感じると、あっという間に遥か彼方へ飛び去ってしまう。本種の放つ独特の強い柑橘系の芳香《ほうこう》は、他の仲間たちに危険を伝えるシグナルになっている、という説もある。

こうした採集の難しさもあり、カミキリ愛好家にとっては、シーズンのフィナーレを飾るラスボスのような存在である。灯火には来ないため、夕方の山地や森に分け入り、同じく夕暮れに活発になるクマの影に怯えながら倒木や衰弱木を探すしかない。

私も地元の昆虫仲間から入手した「小国

町の温身平《ぬくみだいら》でイタドリの花に集まっているのを見た」「胎内のサワグルミの倒木にいた」などの貴重な情報を信じて何度も出撃しているが、全て完敗している。死骸すら見たことがない。

アオカミキリの仲間は、誰もが魅了されるような美麗種揃いであるにも関わらず、意外にも世界的に研究や分類が進んでいないという。

カミキリムシの研究者である昆虫学者の新里達也氏は、著書の中で、かつて都内で開かれていたサロン「アオカミキリ研究会」のエピソードを記している[ix]。その研究会の最年長メンバーであり、大型美麗甲虫好きで知られた昆虫学者の黒沢良彦氏は、「大型種は老眼で目が利かなくなってからやればよい」と語っていたという。

大型美麗種を「卒業」して、小型種～超小型種の採集や研究に進む愛好家は多いが、年を取ってピドニアの展足《てんそく》やミクロレピ（小蛾類）の展翅《てんし》、好蟻性昆虫の観察・採集などの細かい作業ができなくなったら、再び大型美麗種に回帰する道を選ぶのもありだろう。

負け惜しみにしか聞こえないかもしれないが、人生の黄昏時＝老後の楽しみとして、あえて採らずに取っておく名虫がいても悪くない。

72 ヨコヤマヒゲナガカミキリ

ブナ林の貴公子

かつて、「日本三大昆虫宝庫」として知られていた名所がある。大阪の箕面《みのお》、京都の貴船《きふね》渓谷、東京の高尾山である。

大阪の箕面は、昆虫好きで知られるマンガ家・手塚治虫も少年時代に足繁《あししげ》く通ったと言われ、明治初期から国内外の昆虫学者がネットを振った好採集地である。京都の貴船渓谷は、多くの水生昆虫や甲虫のタイプ産地となっている。

そして東京の高尾山は、古くから都内の昆虫愛好家の集まる場所で、ガロアを始めとする外国人も訪れており、採集にまつわる様々な伝説や逸話が残っている。

１９６０年代〜１９８０年代初頭には、当時生態がわからず、幻とされていたヒラヤマコブハナカミキリを採るために、平日の晴れた日、多い時には一日に数十人が（会社や学校を休んで）ケーブルカー脇の

木の幹を上に向かって歩くオスの成虫。

斜面に集まり、一日中捕虫網を構えて赤いカミキリが飛ぶのを待っていた、という牧歌的なエピソードもある。まさに古き良き時代の話だ。一方、美麗種・アオタマムシの滅多に採れないオスが採れるポイントが発見され、採集者が押しかけてトラブルになり、ケーブルカーの会社から採集行為を禁止する張り紙が出されたこともあった。

そんな高尾山に生息し、「ブナ林の貴公子」と呼ばれていたのが、ヨコヤマヒゲナガカミキリである。大理石のような模様をした、気品のある日本固有種だ。１９３１年、「志賀昆虫普及社」の創業者である志賀夘助の生誕地・新潟県松之山で発見され、新種として記載された。和名は30代半ばで夭折《ようせつ》した昭和初期の昆虫学者・横山桐郎への献名である。

かつては生態が全くわからず、採集が非常に難しいカミキリとして、愛好家の間でも有名な種であった。１９６０年代〜１９７０年代の高尾山では、本種や稀少種のタカオキリガの採集を狙って深夜まで灯火採集を続ける愛好家たちの姿が見られた。この夜間採集で育った愛好家や研究者は「高尾の土族」と呼ばれ、世界的に著名な蛾類研究者である岸田泰則氏や、むし社の藤田宏氏など、日本の昆虫界をリードする人材を輩出する場になった。

幼虫がブナの生木を食べること＝原生林に近いブナ林に生息することがわかった今では、かつてのように採集が難しい種ではなくなった。それでも個体数は決して多くなく、多くの都道府県でレッドリストに記載されている。

灯火採集では、深夜に近い時間帯に飛来するとされるが、昼間にブナ林を歩いて観察することもできる。ブナの根本を注意深く眺めると、ドリルで開けたような丸い穴が開いている。これが本種の羽脱孔だ。その穴を目印に周囲を見渡すと、ブナの根本や幹に、突然大理石のように美しいカミキリが現れる。その瞬間の感動は筆舌に尽くしがたい。

2001年7月、鹿児島県の大隅半島から近縁種のオオスミヒゲナガカミキリが発見され、カミキリ界に衝撃が走った。ヨコヤマヒゲナガが多くの愛好家にとって思い入れの深い種であったため、「もう一人の貴公子」の発見は、まさに青天の霹靂であった。

解明され尽くしたと思われている国産カミキリの世界でも、まだまだ未知のロマンは残っている。日本は、国土の3分の2を森林が占める世界有数の森林国である。広大なブナ林の何処かに、まだ見ぬ貴公子が眠っているのかもしれない。

73
コブヤハズカミキリ
叩いて落とせ

オサムシやマイマイカブリなど、飛ぶことをやめた昆虫＝翅が退化した昆虫は、その独特のフォルムや地域変異の多さから人気が高いが、飛べないカミキリであるコブヤハズカミキリも、カミキリ愛好家の間では高い人気を誇る。国内に７００種以上いるカミキリムシの中で、単独の図説が刊行されているのは、現時点でコブヤハズカミキリの仲間だけである。

かつて、本種は狙って採集することが困難な稀少種だった。生活史がよく分かっていなかったため、山道を歩いている個体を偶然採るしか方法がなかった。道路脇の側溝を1時間歩き眺めてやっと1頭、山中に数百ヶ所のピットフォール・トラップを仕掛けて収穫ゼロ、といった悲惨な状態であったという。

しかし１９７０年代に入り、長野県「松

枯れ葉に止まるオスの成虫。

本むしの会」の小林靖彦氏らによって、秋季に枯れ葉をビーティングして本種を採集する「コブ叩き」という方法が発見され、状況は一変する。晩夏〜秋季に新成虫が発生し、ミズキやヤマブドウなどの枯れ葉に潜み、それらを食べることがわかり、大量採集が可能になったことで、一気に分布域の解明が進んだ。まさに革命である。

　コブ叩きは、それ自体が非常に楽しい採集方法である。秋の爽やかな高原を歩きながら、コブヤハズが隠れていそうな枯れ葉を探して叩き、白いネットの上に無骨な茶色の甲虫が狙い通りにポトリと落ちてきた時の感動は、やみつきになる。

　新潟県の佐渡島には、全身が灰色になる亜種＝通称「サドコブヤハズ」が生息している。サドマイマイカブリと双璧をなす佐渡特産の有名種である。7月下旬に家族旅行で佐渡に行った時、一人で深夜まで大佐渡のドンデン山付近を探し回ったが、1頭も見つけられず完敗した。サドコブのベストシーズンは9月下旬〜10月上旬なので、悪かったのは時期であり、私の腕ではない、と自分に言い聞かせている。

　新潟県にはもう1種、マヤサンコブヤハズカミキリが生息している。フォッサマグナの西縁＝糸魚川—静岡構造線を境に、西日本の日本海側沿いを中心に分布している種である。その名に反して、六甲山地にある摩耶山ではまず見つからない。

　マヤサンを採るため、8月下旬に、新潟市から車で片道3時間半かけて糸魚川に遠征した。コブ叩きによって無事採集には成功したが、「コブヤハズとほとんど見た目が同じじゃないか」と思ってしまった私は、まだまだ修行が足りないのだろう。

　コブヤハズの調査・研究をリードした人物は、１９７６年に小笠原の母島で幻のミイロトラカミキリを採集し、１９８４年に『日本産カミキリ大図鑑』を刊行したカミキリ界のレジェンド・高桑正敏氏である。図説を制作中だった２０１６年に病で急逝したが、２０２０年、氏の遺志を継いだ共著者によって『日本のコブヤハズカミキリ』が刊行された。

　コブヤハズは、日本のカミキリ界が最も熱かった１９７０年代を象徴する種の一つである。あれから半世紀が経ち、カミキリが山のように採れた伐採地や広葉樹の土場は消え、ほとんど甲虫が寄りつかない杉やヒノキの植林だらけになった。

　もう二度と来ないであろう黄金時代に、本種の生態・分布域の解明を目指した高桑氏をはじめとする、カミキリに人生を賭けた猛者たちの奮闘記を読むと、「秋のコブ叩き」の楽しさはさらに増すはずだ。

74 オオルリハムシ

湿地のレコンキスタ

5月中旬、「オオルリハムシを観察できる」という情報を聞いて、子どもたちを連れて新潟市北区にある福島潟に向かった。新潟県最大の潟であり、オニバスの自生北限地でもある。

潟の周辺を散策していると、歩道脇に生えている草に、青緑色に光る大きめのハムシが大量についていた。「ほらほら、これがオオルリハムシだよ」と子どもたちに説明した。

あっけなく目標を発見することができ、満足してそのまま潟の歩道を歩いていたら、水際に生えている背丈の高い草の隙間に、瑠璃色のコガネムシがついていた。よく見ると、コガネムシではない。とてつもなく巨大なハムシだった。一瞬思考がフリーズしたが、こちらが本物のオオルリハムシだったのだ。先ほどのハムシは全くの別種だ

交尾中のペア。上の個体がオスで、下の個体がメス。

った。

笑い話のようだが、初めてオオルリハムシを見た人は、ハムシの概念を超越したその巨大さに慄《おのの》く。同時に、そのサファイアのような美しさに感銘を受けるはずだ。

本種のタイプ産地は新潟である。ジョージ・ルイスによって採集され、世界で初めて新潟から発表された昆虫の一つだ[x]。ルイスは、本種のような大型の美麗ハムシが湿地性植物を食草にしていることを知っていて、当時平野一面に池沼と葦原の広がっていた新潟にわざわざ立ち寄ったのではないだろうか。だとすれば、彼の慧眼《けいがん》にもまた、慄くしかない。

新潟では深い青紫色に輝く色彩の個体が多いが、太平洋側の産地では、赤褐色や赤銅色の個体もおり、金緑色の帯が入るものもいる。愛好家の方に本種の標本を見せて頂いたことがあるが、太平洋側＝利根川周辺に産する赤銅色に輝く個体がぎっしりと並べられており、あまりの壮麗さに息を呑んだ。オオルリハムシは、決して個体数の多い種ではない。湿地の減少に伴い、各地で生息地が失われている。

「一体、どうやってこんなたくさんの数を採集できたんですか？」と尋ねたところ、「飼育して、殖やしたものを標本にしたんだよ」という答えが返ってきた。確かに、成虫を飼育して繁殖させれば、羽化後の美しい状態の成虫の標本を大量かつ容易に得ることができる。「その手があったか」と納得した。

昆虫の飼育は、それ自体の楽しみや研究のために行うものだと思いこんでいたが、完全な美麗標本を手に入れるための手段でもあったのだ。飼育個体を標本にするのであれば、自然破壊にも乱獲にもならない。蝶のように、成虫を全く傷つけずに採ることが難しい種類では、幼虫の飼育技術が発達している。昆虫の飼育は、学術調査や研究に欠かせない技術であると同時に、「生態系を壊すことなく、大量の標本を手に入れる」という矛盾を解決することができる技術でもある。

生物の保全には、生息地の個体群や環境を守る「生息域内保全」と、飼育下での繁殖によって種を守る「生息域外保全」がある。後者の実現のためには、飼育技術の発見や向上は欠かせない。そして飼育法の確立・普及は、節度ある採集にもつながる。乱獲を防ぐ手段としても有用である。健全な趣味の持続可能性や研究のために、ビオトープ（生物の生息空間）などを通した湿地の回復と並行して、飼育という失地回復（レコンキスタ）もまた、必要になるはずだ。

75

スゲハムシ

時をかけるハムシ

オオルリハムシと人気を二分するハムシ界のスターが、ネクイハムシの仲間である。7~8ミリほどの小型種ながら宝石のように光り輝く種類が多い。幼虫が水生植物の根に着生して成長することから「ネクイ」の名がついている。その中で最も色彩変異の幅が広く、赤・黄・緑・橙・青・藍・紫・銅・金など様々な色彩の個体が見られるのが、スゲハムシである。5~6月頃に発生し、主に北・東日本の湿地や休耕田で見られる。近畿地方以西では少ない。

1985年、昆虫学者の日浦勇氏らによる野尻湖昆虫グループによって6年がかりで執筆された『アトラス・日本のネクイハムシ』が火付け役となり、この仲間への関心が高まった。

この仲間は化石記録が豊富なことも特徴で、野尻湖にある最終氷期の地層（約1~

交尾中のペア。上の個体がオスで、下の個体がメス。

5万年前）からは、スゲハムシを始めネクイハムシの仲間の化石が産出する。驚くべきことに、化石の状態でも、青や緑の輝きを放つものがある。化石の種が確定できれば、その地層の堆積時、周囲にどのような環境が広がっており、どのような水生植物が生えていたのかを推定できる。時空を超えるタイムカプセルのような甲虫である。

5月下旬、昆虫仲間と一緒に山形県小国町にルリクワガタを探しに行った時、林道の脇にあった小さな湿地で、初めてスゲハムシの姿を見つけた。緑の草の上で、青や赤の美しい金属光沢を放ちながら静止している姿に目を奪われたが、よく周りを見渡すと、一面の草の上に多くの個体が止まっていることに気が付いた。宝石のバーゲンセール状態である。

スゲハムシは、ネクイハムシの仲間の中では最もよく見られる種である。それ以外の種は、なかなかお目にかかることができない。新潟県はネクイハムシの仲間が多い県であり、12種ものネクイハムシが生息している。金銅色の身体に赤もしくは青のラインが入るキンイロネクイハムシという超美麗種もいるが、まだ一度もお目にかかったことはない。

２０２２年7月、日本国内では絶滅したと思われていたキイロネクイハムシが約60

年ぶりに滋賀県の琵琶湖で発見されたと発表され、ハムシ界は騒然となった。

　本種は、一生を水中で過ごす特殊なハムシであり、１８８０年にジョージ・ルイスによって横浜にある豊《ぶ》顕寺《げんじ》の池で最初に発見された。それから40年以上経った１９２５年、千葉県松戸でカエルの胃の中から発見されたのが第二の記録である。１９５０年代前半には、カモの腹の中から発見されたこともある。限りなくＵＭＡに近い種であり、１９６２年10月に福岡市で採集された記録を最後に、一度も発見されていなかった。環境省のレッドリストでも２００７年に「絶滅種」として記載されていたため、まさかの再発見であった。

　キイロネクイハムシが消えた１９６０年代は、高度経済成長期の影響で、日本国内から水草群落の発達した低湿地の生態系がほとんど失われてしまった時代でもあった。一方で、ネクイハムシの住処である湿地は、休耕田や溜池が放置された結果として、生まれたものもある。つまり、湿地は「守ること」だけでなく「増やすこと」もできるのだ。湿地や草原などのビオトープを増やそうという試みは、全国各地で広がっている。湿地を彩る宝石たちの姿が、身近な地域で見られる日が、いつかやってくるのかもしれない。

76 オオアオゾウムシ

「底なし沼」を照らす青緑の光

　ゾウムシは世界で10万種近くが知られており、科レベルで昆虫界のみならず、動物界でも最大の分類群の一つである。日本においても1400種を超える。これだけの数がありながら、ハンドブックも図鑑も存在しないため、採集はもちろん、正確な名前を調べることすら難しい。まさに「甲虫界の底なし沼」のような世界である。

　日本のゾウムシの分類学的研究は、昆虫学者の森本桂氏によって成し遂げられた。戦後、日本のゾウムシは種名自体がほとんどわかっておらず、文献も標本もほとんど存在していなかった。

　そんな中、九州大学農学部の学生だった森本氏は、ゾウムシの分類学的研究をすることを決意。同大教授の江崎悌三氏からはあまりに壮大な夢だと一笑に付されたものの、自ら全国を採集して回り、圧倒的な努

葉上を歩く成虫。前胸側部と上翅に黄色い粉がついている。

力と私財を費やして国内外から膨大な文献と標本を集め、７００以上の新種を発表[xi]。人間業では不可能と思われていた日本産ゾウムシ相の大部分を解明するという偉業を成し遂げた。ゾウムシ以外では、松林を枯れさせるマツノザイセンチュウがマツノマダラカミキリによって伝播《でんぱ》されることを解明したことでも有名である。

森本氏はゾウムシの中でも最難関とされるキクイゾウムシ亜科の研究に取り組んでいる最中、85歳で病に倒れた。日本産ゾウムシ相の全容解明という壮大な夢は、次世代への宿題となっている。

研究対象としてのゾウムシは近寄りがたい「底なし沼」であるが、採集対象としてのゾウムシは、長大な前脚を持つアシナガオニゾウムシや、機雷に脚が生えたような異形の稀少種・タカハシトゲゾウムシ、「世界一硬い甲虫」と呼ばれ、車に轢かれても死なないという驚異的な硬さを誇るクロカタゾウムシなど、個性的かつ魅力的な容姿の顔ぶれが揃っている。

一方で、色彩的に美しい種はそれほど多くない。春先に見つかるリンゴヒゲボソゾウムシの仲間は美しい金緑色を放っているが、10ミリに満たない小型種であり、捕虫網で花を掬えば一振りで大量に採れてしまうので、採集対象としては今ひとつ魅力に欠ける。

　そうした中で、ひときわ目立つ青緑色の輝きを放つ大型の美麗種が、オオアオゾウムシである。新鮮な個体には、前胸側部と上翅の外縁部に黄色い粉がついている。体長12〜15ミリほどで、他のゾウムシとは異なり、長い口を持っていない。

　6月下旬、村上市の高根川沿いでサワグルミをスウィーピングしている時に、偶然ネットに入ったことがある。広葉樹林や草地に生息し、ヤナギ、ミズナラ、タデ類の葉に集まる。北日本に多いとされるが、なかなか狙って採れない種である。

　私も高根川沿いで偶然採った1頭以来、全くお目にかかれていないが、茶色や灰色など、地味な色の種がほとんどを占めるゾウムシの入った標本箱の中で、本種は1頭だけ雅《みやび》やかな輝きを放っている。個人的には、海外の有名美麗種であるホウセキゾウムシに匹敵する美しさを持っていると思う。ちなみに油で揚げて食べると美味しいらしいが、採集の苦労を考えると、とてもじゃないが食べる気にはなれない。

　これからゾウムシを始めようという方は、まず本種の採集に挑戦して欲しい。「底なし沼」を照らす青緑の光に導かれ、森本氏の描いた「壮大な夢」の実現に挑むチャレンジャーが増えることを願いたい。

77 クリシギゾウムシ

「軍拡競争」に巻き込まれた賢者

今から約1億5000万年前のジュラ紀に出現したと考えられているゾウムシの仲間は、裸子《らし》植物から分化した被子《ひし》植物を利用することで、爆発的に種数を増やしていった。

ゾウムシの特徴である長い口吻《こうふん》を極限まで進化させたのが、シギゾウムシの仲間である。鳥類のシギのような細長い口吻を持ち、ツバキシギゾウムシのメスのように体長よりも長い口吻を持つものもいる。この武器を活かして、果実内部の種子など、他の昆虫であれば産卵できないような場所にも卵を産み付けることができる。

孵化した幼虫は、敵から姿を見られることなく、そして餌を探して危険な外界をウロウロすることなく、安全かつ食べ物に不自由しない空間の中で育つことができる。少数の卵を安全確実な場所に産み、次世代

115　成虫の標本。

に命をつないでいくスタイルは、最も繁栄している哺乳類であるホモ・サピエンス（＝知恵ある人）に共通するものがある。

　思慮深く賢明な甲虫であるシギゾウムシの視点から見れば、ギャンブルのように大量の卵を産みまくるツチハンミョウや、幼虫があまりにも無防備な姿で葉上をウロウロするチョウの仲間は、愚の骨頂にしか思えないだろう。他の昆虫の卵や幼虫が次々に天敵に捕食・寄生されていく中、「やれやれ」と肩をすくめているのかもしれない。

　この仲間は国内では約60種が知られている。全ての種が樹木に生息し、草本につく種はいない。きちんと食樹を調べ、その枝を揺ったり叩いたりしないと見つからないが、8月下旬〜9月中旬に山地で灯火採集をすると、どこからともなく集まってくる。どう見ても飛べなさそうな見た目に反して、きちんと翅を広げ、空を飛んで灯火までやってくるようだ。

　クリシギゾウムシは、硬い棘だらけのイガに覆われたクリの実に卵を産みつける。自然界では最強のゆりかごの一つであろう。栗の実を食べてむっちりと太った幼虫は「栗虫」とも呼ばれ、食用にもなる。フライパンで少量の油を熱し、さっと炒めると香ばしくなる。噛むとプチッと弾け、口の中に栗の味が広がる。古来より「旨い虫」

として知られている。老熟した幼虫は10月下旬～12月上旬頃に栗の実から脱出して、土中で越冬する。

安息の地を見つけたかに思えたシギゾウムシにも、天敵は存在している。コマユバチの仲間だ。この賢い寄生バチは、自らの産卵管をシギゾウムシのメスの口吻と同じ長さまで進化させることに成功し、彼女たちが苦労して種子の中に産み付けた卵に産卵する。孵化したコマユバチの幼虫は、シギゾウムシの幼虫の体内に侵入し、内部から食い荒らす。安息の地だったはずのゆりかごは、こうして惨劇の密室と化す。

また樹木の側も黙ってはいない。シギゾウムシから大切な種子を守るため、果皮を分厚くしたり[xii]、豊作と凶作の年を交互に繰り返す隔年結実などの防衛戦術を発達させている。

これに対して、シギゾウムシもより長い口吻を獲得したり、地中での長期休眠によって隔年結実を突破するなどの知恵をつけている。

シギゾウムシ・樹木・寄生バチ、この三つ巴の「軍拡競争」は永遠に続き、シギゾウムシの口吻はこれからも伸び続けていくのだろう。賢明であるがゆえに終わりなき軍拡競争を続けざるを得ない点も、我々ホモ・サピエンスに共通するものがある。

78

ドロハマキチョッキリ

ナマケモノの錬金術師

　毎年5月の連休に入ると、子どもたちを連れてドライブがてら、残雪の輝く粟ヶ岳の麓まで車を走らせて、花に集まる甲虫を掬いに行く。ルリハナカミキリやニセハムシハナカミキリ、トゲヒゲトラカミキリやピドニアの仲間が網に入る常連である。ミズキやウワミズザクラ、コゴメウツギやガマズミなど、白い花が密に集まっている木が、高い「集虫力」を持っている傾向があり、一度掬うだけで数え切れないほどの甲虫が入ることもある。

　花掬いによる採集は、カミキリなどの甲虫を狙うならば、「晴れた日の午前中」がベストである。空が曇っていたり、午後をすぎると、途端に虫が飛んでこなくなる。また運に左右される側面もあり、あちこちで花が満開になっている時期や場所でも、虫がほとんど採れないこともある。一方で、

葉上で佇むオスの成虫。胸の前方両側に鋭いトゲがある。

なぜか大量に虫が集まる「御神木」のような木もあり、短時間で様々な稀少種が一気に採れることもある。ただ、そうしたポイントも、昨日はたくさん虫が集まっていたのに今日は全くいない、ということもザラである。こうしたギャンブル性があるせいか、何十年も飽きずに花掬いを続けている愛好家も多い。

5月上旬～中旬にカエデの花を掬っていると、青緑色に輝くゾウムシに似た甲虫がネットに入ることがある。ドロハマキチョッキリだ。オスは胸の前方両側に鋭いトゲがあり、なかなか格好いい。地域によって体色の変異に富み、かつては上翅に赤い紋の入る個体はベニホシハマキチョッキリ、背面がヤスリで磨いたような赤銅色になる個体はトウキョウハマキチョッキリと呼ばれていた。関東地方では、全身が濃い青色に染まる個体も出現する。

体長5～7ミリ程度の小さな甲虫であり、各地で普通に見られる種であるが、その美しさは春に出現する甲虫の中でも群を抜いている。私自身は、大抵の種は1頭採れればそれで満足、というタイプなのだが、本種に限っては、つい何頭も採集してしまう。もう少しサイズが大きければ、タマムシやハンミョウに匹敵する人気種になったに違いない。

チョッキリはゾウムシのような見た目をしているが、葉を巻いて卵を産み付けることで有名なオトシブミ科の甲虫である。オトシブミとは異なり、首ではなく口吻が伸びている。のほほんとした見た目どおり、それほど几帳面《きちょうめん》な性格ではなく、オトシブミよりも雑な巻き方をする種が多い。その名の通り、「葉巻」状の揺籃《ようらん》を作る。

　ドロハマキチョッキリは、カエデ科やイタドリ科をはじめ、ブナ科・カバノキ科・ヤナギ科・ブドウ科・ニレ科など、極めて多くの植物を利用するが、発生後期では、限られた種類の植物を利用するようになっていくという。赤紫色に輝く小型種・ファウストハマキチョッキリや、ハマキチョッキリの仲間の最大種であるイタヤハマキチョッキリも、同じようにカエデの花掬いで採集することができる。

　一本の木が丸坊主になるほど大量の葉を食べるチョウやガの幼虫とは異なり、ドロハマキチョッキリの幼虫は、わずか一枚の葉を食べるだけで成虫になることができる。「甲虫界のナマケモノ」とでも言えるような、省エネとコスパを極めた甲虫である。

　たった一枚の葉が宝石のような甲虫に変わるのは、まさに錬金術である。次の春は、ナマケモノの錬金術師を探しに、長竿を持って山の麓までドライブに行こう。

７９ ムラサキトビケラ

紫の影武者

トビケラは、チョウやガに近い仲間である。約２億年前に、共通の祖先から分かれたと考えられている。翅は鱗粉ではなく、毛で覆われている。昆虫の中では７番目に大きな目であり、日本にも約５４０種が知られているが、寿命の短い（数日から１週間程度）種が多いためか、成虫の生態や行動についての知見が非常に乏しい。大顎が退化し、チョウ目のような長い吻《ふん》も持たないため、餌を食べているのかどうかすら、はっきりわからない種も多い。

そしてほとんどの種が黒または茶一色で、見分けがつかない。色付きはおろか、特徴的な模様のある種すら、ほとんどいない。収集家も採集家も非常に少なく、「無視される虫」の代表格になっている。蝶になれなかったはぐれ者と言えるのかもしれない。

そんな仄暗いトビケラワールドの中で、

123　成虫の標本。後翅は紫色に染まる。

唯一のスターがムラサキトビケラである。翅を広げると60ミリを超える世界最大級のトビケラであり、その名の通り、後翅は紫色で、黄色の帯が入っている。7月下旬、三条・下田の森林で飛翔している個体を目撃したことがある。大型のチョウかと思ったら、ムラサキトビケラであった。初めて見ると、紫の影武者とも呼べるような迫力に圧倒される。オオムラサキやムラサキシタバに比べると知名度は劣るが、本種もまた「最大の紫」の一つである。オオムラサキトビケラという種もいるが、原記載の標本以外に野外で見つかっておらず、ムラサキトビケラの奇形個体の可能性もある。

　トビケラの幼虫は水生で、チョウやガの幼虫と同じく糸を吐き、川底の落ち葉や小石、砂粒をつなぎあわせてミノムシのような巣＝筒巣《とうそう》を作り、その中で暮らす。ムラサキトビケラの幼虫は、短冊形に切った落葉をつなぎ合わせて筒巣を作る。ニンギョウトビケラは、その名の通り人形のような形の筒巣を作ると言われているが、実際はただ石ころをつなぎ合わせたような代物で、お世辞にも人形には見えない。

　それでも、巣を作る知恵を持たず、無防備に水底をウロウロしているヤゴやカゲロウの幼虫とは一味違う……のだが、筒巣の中の幼虫や蛹に寄生することを狙って、わざわざ水の中まで潜ってくるミズバチの仲間がいる。地中、空中、水中、どこに逃げても寄生バチは追いかけてくる。まさに「幼虫は三界に家なし」である。

名前負けしているニンギョウトビケラとは異なり、その名に恥じない立派な巣をつくるのが、カタツムリトビケラである。岩盤上を滴る細流に棲み、砂粒をつなぎ合わせて、巻き貝そっくりの美しい筒巣をつくる。昆虫界の隠れたアーティストである。ただ、筒巣は2～3ミリ程度の大きさしかないので、現地で見つけるのは極めて困難である。

昆虫食に注目が集まる中、トビケラにもスポットライトが当たるようになってきた。ヒゲナガカワトビケラの幼虫は、長野県の伊那地方ではザザムシと呼ばれ、古くから薬用や佃煮などの形で珍重されてきた。世界でも稀な「漁業権の設定されている昆虫」の一つである。採れる時期が限られており、高価ではあるが、食用昆虫のエースであるハチノコよりも美味しいという。江戸時代に日本で出された『本草綱目《ほんぞうこうもく》』によると、ザザムシは解熱作用に加えて尿道結石を治す利尿作用もあり、すこぶる美味である、と書かれている。きれいな川で採れる幼虫は味も良いという。美味しく食べられる環境がいつまでも残ってほしい。

80

オオムラサキ

日本の紫

言わずと知れた日本の「国蝶」である。属名の*Sasakia*は、明治～昭和初期に活躍した近代養蚕学・農業害虫学の開祖・佐々木忠次郎氏への献名である。江戸幕府の医官で本草学者の栗本丹洲によって文化8年（1811年）に刊行された日本最初の虫類図譜『千蟲譜』には、「ヨロイテフ」という名で「牽牛花色ノ如ク極テ美也」と紹介されている。

「虫聖」と呼ばれた九州大学の江崎悌三氏が、戦前国蝶の選定を提案し、戦後の昭和32年（1957年）に、日本昆虫学会の総会でオオムラサキが「国蝶」として定められた。ギフチョウやミカドアゲハ、アサギマダラなども候補に挙げられたが、それらのライバルを大差で引き離して国蝶の座を射止めた。前年の1956年には75円切手の意匠になっている。

127　オスの成虫。メスはオスよりも大型になるが、翅に紫色は出ない。

国蝶と言っても、日本固有種ではなく、中国や朝鮮半島、ベトナムや台湾にも亜種がいる。また天然記念物でもないため、採集や飼育は可能である（採集を禁止している市区町村や保護されている地域を除く）。今では信じられないことだが、１９６４年の東京オリンピックの前までは、東京23区内にも分布していたという。

紫は、最も高貴な色とされる。聖徳太子の定めた冠位十二階においても、紫の冠が最上位になっている。紫は、仏教で「成仏」を表す色でもある。樹液の出る木の周辺を、自らの領土を巡視するかのように飛び回る紫の姿は、まさに「蝶の国の王」の風格がある。

少年時代の昆虫採集の思い出の中で、最も鮮烈に記憶に残っている体験として、「オオムラサキの初採集」を挙げる愛好家は少なくない。昆虫学者の白水隆氏は、中学3年の夏休みに大分県の祖母山で初採集したことを記録している[xiii]。マンガ家の手塚治虫は中学時代に初採集し、人気作家になった後に「オオムラサキを守る会」のシンボルマークをデザインしている。生物学者でもあった昭和天皇は、幼少期に群馬の伊香保で採集。おつきの者たちが採集のお祝いに提灯行列をしてくれた、というエピソードが残っている。

本種をネットに入れた少年は、その後必ず蝶の世界に引きずり込まれる運命にある。オオムラサキの食樹であるエノキは、かつて街道の目印＝一里塚として植えられていたが、オオムラサキ自体も、多くの人々を昆虫の道へといざなう一里塚の役割を果たしていると言える。

エノキを食樹とするチョウは、他にもゴマダラチョウやアカボシゴマダラがいるが、王であるオオムラサキは、選ばれたエノキ＝雑木林の主のような大木にしか産卵しない。本種の幼虫は大食漢で、終齢幼虫は葉が垂れ下がるほどの重さになる。相応の大木でなければ、餌となる葉の量が足りない。また根本に一定の湿度がなければ、越冬幼虫は乾燥して死んでしまう。そのため、平野部や都市公園にポツンと立っているエノキには、いくら待ってもオオムラサキは飛んでこないのだ。

本種に適した雑木林が全国的に減りゆく中、山梨県北杜市にあるオオムラサキセンターの展示の中では、「もう一度国蝶の選挙をしたら、ギフチョウに負けるかもしれない」という不穏な文章が書かれていた。オオムラサキには、いつまでも国蝶の座、そして初採集が一生忘れられない思い出になる「憧れの蝶」の座をキープし続けてほしい。

81 ヒサマツミドリシジミ

「西風の神」の奏でるレクイエム

日本に２００種類以上いる蝶の中でも、昔から圧倒的な人気の高さを誇るのが「ゼフィルス（Zephyrus）」と呼ばれるミドリシジミの仲間だ。緑や青、橙に輝く美しい翅を持ち、夏至の前後の時期に、早朝や夕方などの時間帯に、梢《こずえ》の上を飛翔する。日本国内では25種が知られている。

ゼフィルスとは、ギリシア神話の「西風の神」を意味する。ボッティチェリの「ヴィーナスの誕生」にも描かれている、春の訪れを告げる豊穣の風だ。岩波新書の本扉にもその名が刻まれているので、本好きにはおなじみの存在でもある。昆虫好きで知られるマンガ家の手塚治虫も、１９７１年に「ゼフィルス」というタイトルの短編作品を発表している。

戦前は、台湾や満州、南洋諸島の蝶も「日本産蝶類」に含まれていたが、それら

131　オスの成虫。翅は金緑色に輝く。発生地から離れた尾根や山頂に飛来する。

の領土が失われた戦後は、国産種の生活史の解明が盛んになった。九州大学の白水隆氏や在野の研究者・磐瀬《いわせ》太郎氏など、プロ・アマを問わず、蝶界の秀才・鬼才たちがこぞってゼフィルスの研究に取り組み、種間・属間の類縁体系や食樹・越冬卵などの生態の解明を進めていった。

そんな中、「最後の砦」として残ったのが、ヒサマツミドリシジミだ。漢字で書くと「久松緑小灰」。日本特産種である。１９３３年７月、旧制鳥取第二中学校の学生によって鳥取市の久松山《きゅうしょうざん》で最初に発見されて以来、「幻の蝶」と呼ばれ、珍種中の珍種とされていた。

昭和を代表する蝶界のリーダーの一人に、林慶《はやしけい》という人物がいる。林氏は東京帝国大学農学部を卒業後、就職するも病で退職。ゼフィルスを中心とする蝶の生態解明と飼育法の確立に取り組み、多大な成果を残した。しかし、その林氏と弟子たちの力をもってしても、「幻の蝶」とされたヒサマツミドリシジミの卵を発見することはできず、生活史を解明することはできなかった。１９６２年、志半ばで、林氏は病に倒れる。林氏の葬儀の際には、近親者によって、棺の中にヒサマツミドリシジミとおぼしき卵が入れられたというエピソードがある。しかし、その卵は別種のメスアカミドリシジミの未受精卵であった。

ヒサマツミドリシジミの生活史が解明されたのは、それから約8年後の1970年の秋だった。「最後の砦」が陥落したという一報＝日本に生息する蝶の生活史の探索が全て完了したというニュースは、同時期に創刊された『月刊むし』でも取り上げられた[xiv]。

食樹がウラジロガシであることが判明したため、ヒサマツミドリシジミは「幻の蝶」ではなくなった。卵の採集を狙う心無い人たちによってウラジロガシが乱伐《らんばつ》され、新聞紙上を賑《にぎ》わせたことも、本種のイメージダウンにつながった。しかし、本種が「幻の蝶」だった時代の記憶は、当時の昆虫少年たちの脳裏に焼きついている。

2016年に亡くなった政治家の鳩山邦夫氏は、蝶の愛好家としても知られ、飼育に関しては日本トップレベルの技術を持っていた。鳩山氏の葬儀の際、棺の中にはオオウラギンヒョウモンとオオルリシジミ、そしてヒサマツミドリシジミの標本が入れられた。

棺桶の中に入れたいとまで思わせる昆虫は、本種をおいて、他にそうないだろう。人生を蝶に捧げた永遠の昆虫少年たちの御《み》霊《たま》送りには、西風の神によって奏でられるレクイエム（鎮魂歌）がふさわしい。

82 ミヤマカラスアゲハ

鴉《からす》の濡羽《ぬれば》色《いろ》

日本で最も美しい蝶は何か。この問いをめぐる議論で、必ず候補の一角に挙げられるのが、ミヤマカラスアゲハである。万葉集の時代から、青みがかった艶《つや》やかな女性の黒髪を形容する「鴉の濡羽色」という言葉があるが、本種の漆黒《しっこく》の翅はまさにその色である。メタリックグリーンの輝きを放ちながら深山の林縁を舞う姿は、息を呑むほど美しい。春と夏の年2回（地域によっては3回）発生し、春に出現する春型（第1化）が美しいとされる。

世界には、アグリアスと呼ばれるミイロタテハの仲間や、銀色に輝く翅を持つモルフォ、鳥と見紛うようなトリバネアゲハなど、数多くの名蝶が存在するが、日本のミヤマカラスアゲハは、そうした秘境の稀少種にひけをとらない美しさを備えている、と評する人もいる。

135　オスの成虫（春型）。

「美しい蝶を探し求める」ことは、最もシンプルな欲求であるが、昆虫の世界は、研究から商業に至るまで、全てこの欲求によって発展してきたといっても過言ではない。

その証明が、「標本商」と呼ばれる人たちの存在だ。20世紀後半に入ると、生物の分類は目視による比較から分子生物学による分類が主流になり、アカデミズムの世界では素朴な昆虫愛好家の居場所が失われた。一方、昆虫採集文化の普及と円高の進展に伴い、１９７０年代には、海外で採集した昆虫を国内で売ることが経済的にも成立する時代になっていた。

こうした時代背景の中で、突き抜けた愛好家は、研究者の道には進まず、海外に飛び出して、国境を超えてチョウの採集や売買を行う標本商となった。木曜社の西山保典氏、ヘキサポーダの小岩屋敏氏などの活躍によって、この世の果てのような秘境に至るまで、世界中で膨大な数の新種や新亜種の発見、分布の更新、異常型の発見が行われた。

華々しい成果の裏側で、採集旅行中の無理がたたって命を落とした人も少なくない。歴史の表舞台に出ることは少ないが、日本の昆虫文化は、縁の下の力持ちであり「最強のアマチュア」である彼らの献身によって支えられてきたといっても過言ではないだろう。

ウォーレスやベイツ、ル・ムールトなど、ヨーロッパで有名な昆虫研究者の多くは、標本商でもあった。標本を扱う数が桁違いなので、見る目が圧倒的に研ぎ澄まされる。昆虫を商品として「売る」「買う」行為は、「採る」こと自体を楽しむ採集者や「守る」ことを目指す環境保護団体からは否定されがちだが、標本の売買によって新種の発見や生態・分布の解明が進み、それが国による保護につながることもある。

毎年9月23日頃にある秋分の日には、東京・大手町で、世界最大級の昆虫標本展示即売会「大手町インセクトフェア」が開催されている。開催前からツイッターではフェアの話題が飛び交い、当日は全国から多くの人が大手町の会場に集い、長蛇の列ができる。愛好家同士の貴重なつながりの場にもなっている。

「昆虫を売る／買う」と「昆虫を守る」は、実は切っても切れない関係にある。そう考えると、生物多様性を守るためには、「美しい蝶を探し求める」という欲求自体を守ることも必要なのかもしれない。いくつになっても、どれだけ時代が変わっても、フェアの長蛇の列に並びながら、「最も美しい蝶は何か」について、皆で胸を張って議論したいものだ。

83

ギフチョウ

青いネットをすり抜ける「春の女神」

三島由紀夫に「美神」という短編がある。アフロディーテの女神像に心を奪われ、その美を我が物にしようとした老博士の死に際を描いた作品だ。

「春の女神」と呼ばれるギフチョウは、まさに昆虫界のアフロディーテである。その美しさに魅了され、還暦や古希を過ぎても捕虫網を振り回して本種を追い求めている人は多い。

桜が咲き始める初春の季節、よく晴れた日に、青色の服やリュックを身に着けた人が望遠レンズ付きのカメラ、もしくは青い捕虫網を片手に低山をウロウロしていたら、それは間違いなくギフチョウの愛好家である。ギフチョウはスミレやカタクリなど、青い色に集まる習性がある。そのため、撮影や採集を狙う人は、全身を青色で固めて、スタンバイする。

 オスはメスより早く羽化し、羽化直後のメスに交尾を迫る。

ギフチョウは本州特産の種で、四国・九州には生息しない。「絶滅危惧の稀少種」というイメージが強いが、幸運なことに、私の地元・新潟県下越地方では、各地で比較的容易に観察することができる。4〜5月に人気の少ない低山に登ると、柔らかな陽射しの下、山頂でギフチョウが大量に飛び交っており、この世の楽園にいる気分を味わえる。

ギフチョウ属（*Luehdorfia*）は、アゲハチョウ科の中でも進化系統的に古い属の一つである。はるか昔から日本の地で生き抜いてきた、氷河期の生き残りだ。

「スプリング・エフェメラル」（春の儚《はかな》い命）と呼ばれている本種の成虫が空を飛び交うのは、わずか1〜2週間。その間に交尾を行い、メスは真珠のように美しい卵をカンアオイの葉に産み付ける。幼虫はその葉を食べて成長し、5月の下旬にはもう蛹になって、翌年の春までの約10ヶ月間、じっと動かずに過ごすというストイックな生き方をしている。

「昆虫翁」と呼ばれた名和靖氏によって、1883年に岐阜県祖師野村（現在の下呂市）で発見され、「ギフチョウ」と名付けられて以来、本種と人間の間には、百年を超える関係の歴史がある。日本で最も分布調査の進んでいるチョウの一つであり、生態・起源・分化・変異についても多くの研究がある。本種の有名産地の中には、採集者が押し寄せて個体数が激減した地域もある。翅の外縁部が黄色の毛で縁取られる「イエローバンド」が出現することで有名な長野県白馬村では、文化財保護条例によってギフチョウは天然記念物に指定されており、採集が禁止されている。開発により生息数が激減した地域や、元々分布していない地域への飼育個体の放蝶の是非が問題になったこともある。

長年苦労して採集した美麗個体が整然と並ぶ標本は愛好家の家宝だが、彼らの高齢化に伴い、標本の行く末が問題になっている。ギフチョウの標本は、博物館や大学にはまず引き取ってもらえない。地震多発国の日本で、個人が長期間標本を無事に保管し続けることは至難の業だ。本人の死後に廃棄されるか、標本を食べる害虫・カツオブシムシによって無惨に食い荒らされてしまう。何人《なんぴと》も「春の女神」を永遠に我が物にすることはできないのだ。

三島の「美神」でも、老博士はアフロディーテからまさかの裏切りを受け、呪詛《じゅそ》を唱えながら死んでいく。捕まえたと思っても、青いネットの間をすり抜けていく「春の女神」は、死の間際まで、愛好家を悩ませ続けるチョウなのかもしれない。

84

キベリタテハ

亜高山帯に舞う「悲しみのマント」

ドイツの作家であるフリードリヒ・シュナックは、１９２８年に刊行された『蝶の生活』で、「キベリタテハは、どこにでも生えているような不快な植物をもとめて下界へ降りて行ったりしない」と述べている。その憂愁にみちた高貴さが、この美しい蝶を、少しでも空と星の近くへと駆り立てるのだ……と、その美しさを讃えている。

シュナックの表現を借りると、キベリタテハの翅は「ビロード状の紫褐色」で、「黄白色のリボン」で明るく縁どられ、「青く微《かす》かに光る宝石の細片からできたフリル」で飾られている。北半球の寒帯から温帯にかけて広く分布する種であり、国内では北海道と本州の東北～中部地方の亜高山帯に生息し、標高２０００メートルあたりでも見られることがある。

陽光と広い空間を好み、台地状の高原や

砂利道に止まった成虫。翅の色彩や斑紋は雌雄ともに同じ。

火成岩地帯の疎林に多い。幼虫はオオバヤナギやダケカンバ、ドロノキなどを食べる。

新成虫は7月下旬～晩夏にかけて出現し、そのまま成虫で越冬する。山に行かないと採れない種であり、私もなかなか出会う機会に恵まれなかった。8月下旬に上越の亜高山帯を訪れた時、標高１４００メートルの登山口に飛び交う本種を採集できた時は、指が震えた。

高山に棲む蝶は、古くから愛好家や登山者を魅了し続けてきた。氷河時代、シベリアの寒冷地帯に生息する蝶たちが、日本に渡来した。氷河期が終わり、日本列島が温暖になるに従って、蝶たちの住処は気温の低い高山帯へと後退し、中部地方の山岳地帯の中、ごく狭い一帯に閉じ込められて、ライチョウやハイマツなどと一緒に、氷河期の遺存種として現在まで生き延びてきた。

標高２０００メートル超、消え残った雪渓と岩尾根の合間に育つ僅《わず》かな高山植物を糧《かて》にして育つストイックな存在として、その研ぎ澄まされた生き様は、登山家や愛好家を惹き付けてきた。

長野・安曇野に移住して高山蝶の生態を研究した山岳写真家の田淵行男氏は、昭和34年（１９５９年）に刊行した『高山蝶』の中で、９種の高山蝶の生態を紹介している。

２５００メートル前後の尾根筋を飛ぶ山娘のように可憐なミヤマモンキチョウ、ハイマツの梢で静止するタカネヒカゲ。２０００メートル前後のお花畑を飛ぶベニヒカゲ。草原の巡邏兵《じゅんらへい》であるクモマベニヒカゲとタカネキマダラセセリ。１５００メートルから２０００メートルの渓流沿いや草地に生息する、万年雪を思わせる白さのミヤマシロチョウ。高山の妖精・クモマツマキチョウ。ドロノキの純林に棲み、越冬巣から出てきた幼虫が痩せたライオンのような姿をしているオオイチモンジ。緋縅《ひおどし》の鎧に身を固めた若武者・コヒオドシ。

しかし、こうした美しい高山蝶の多くは、絶滅の危機に瀕している。元々局所分布であることに加えて、登山者の増加に伴う環境の悪化、山村の過疎化による狩猟者の減少、それに伴うニホンジカの増加による高山植物の食害など、理由を挙げればきりがない。種の保存法や条例で保護されている種も多いが、心無い人たちによる密猟も後を絶たない。

キベリタテハのドイツ語名Trauermantelは、「悲しみのマント」＝喪服を意味する。高山蝶の姿が消えた山々の亜高山帯で、喪に服するように「悲しみのマント」だけが宙を舞うような光景は、誰も見たくないはずだ。

85

クジャクチョウ

孔雀の涙

クジャクチョウの学名（種小名）であるイオ（*io*）は、ギリシア神話に登場する女性神官であり、全知全能のゼウスを魅了《みりょう》するほどの美貌を誇った。イオとの関係が妻のヘラに発覚してしまった際、ゼウスはイオを白い牝牛《めうし》の姿に変えて、関係は無かったと言い張った。牝牛に変えられたイオの涙が蝶の翅の上にこぼれ落ち、それがクジャクチョウの前翅の模様になった、という言い伝えがある。亜種名の*geisha*は、日本の芸者を指す。

日本屈指の蝶飼育技術を持っていた政治家の鳩山邦夫氏は、著書『チョウを飼う日々』の中で、小学1年生の時に、軽井沢の別荘で兄の鳩山由紀夫氏が採集したクジャクチョウの美しさに衝撃を受けたことが、蝶の世界にのめり込むきっかけになったと記している。戦後の昭和30年代に育った少

147　翅の色彩や斑紋は雌雄ともに同じ。翅の裏面は、枯れ葉のように地味である。

年たちにとって、昆虫採集は最大の娯楽の一つであった。

しかし1970年代に入ると、昆虫採集を否定する風潮が強まる。学校の自由研究では「自然保護」という名目で昆虫採集が禁止され、観察を重んじる野鳥の会からも批判された。

こうした昆虫採集を否定する風潮に対して、チョウ類の幼生期研究の大家であり、後にテングアゲハの生態解明で世界にその名を轟かせた五十嵐邁氏は、1971年の『月刊むし』に「我々は採らねばならぬ」と題した檄文《げきぶん》を寄稿している[xv]。

日本の博物館には、外国産どころか、日本産の昆虫の標本すら満足に揃っていない。日本の昆虫学の現状は「採らないで観察しよう」などときれいごとを言うにはあまりにも遅れている。そうしたきれいごとを唱えるのは、少なくとも研究に事欠かぬ材料を採集によって揃えてからだ、と氏は主張している。

野鳥とは異なり、昆虫は観察だけでは保護できない。採集しなければ、種の同定も分布調査も保護もできないのだ。新種や新分布を発見するのはアマチュアの愛好家だが、公表された途端、その昆虫は保護指定され、功労者であるはずの愛好家は審議にすら参加させてもらえないまま、現場から締め出される。

その結果、予算も人手も不要な「採集禁止」という表面的な対応策だけが取られ、事後調査も行われない。生息地の開発や伐採は野放しにされたまま、多くの昆虫が滅びていく。

こうした理不尽極まりない状況に歯止めをかけるため、１９９１年4月には、昆虫採集の復権を目指して、全国の昆虫愛好家が集まり、日本昆虫協会が設立された。初代会長はファーブルの『昆虫記』の翻訳を手掛けた埼玉大学教授（当時）の奥本大三郎氏。「子どもには自由な採集を、そして大人には節度とモラルのある採集を」と呼びかけ、採集への理解と環境保全に努めていくことを目的に掲げた。

しかし、その翌年に「絶滅のおそれのある野生動植物の種の保存に関する法律」（種の保存法）が公布され、１９９３年に施行。採集規制は年々強まり、多くの昆虫が採集禁止になっていった。それから30年がたった今も、昆虫採集の復権は道半ばである。かつて数多く存在したであろう「クジャクチョウの採集をきっかけに、蝶の世界にのめり込むようになった少年」は、現在では絶滅寸前になっている。孔雀の涙は、かつて昆虫少年だった大人たちの涙なのかもしれない。

86

ウスバシロチョウ

魅惑のパルナシウス

１９７８年、一人の日本人医師が、アフガニスタンとパキスタン西部に連なるヒンドゥークシュ山脈を訪れた。彼の名は、中村哲。

付き合いのあった福岡登高会から、ヒンドゥークシュ山脈への登山に医師として同行して欲しい、という依頼を受けた中村氏は、二つ返事で快諾した。蝶の愛好家であり、子どもの頃は昆虫学者になることを目指していた中村氏にとって、モンシロチョウの原産地と言われ、氷河期の生き残りであるパルナシウスの飛び交う同地で自然観察ができることは、またとない僥倖であった。

パルナシウス属は、原始的なアゲハの仲間で、旧北区《きゅうほっく》を中心に世界に約40種が知られている。属名の由来はギリシア神話に登場するパルナッソス山であり、５０００メ

 花に飛来した成虫。その名の通り、翅は透けるほど薄い。

ートルを超える高山に生息する種もいる。生息地が氷河や渓谷で分断されているため、山塊ごとに複雑な地理的変異があり、熱狂的な愛好家も多い。

氷河や荒れ地に囲まれた極限の環境の中、成虫が空を舞うのは1年のうちわずか2〜3週間。本種の魅力に心を奪われ、中国奥地やヒマラヤの危険な山岳地帯にアタックする猛者もいる。「魔性の白」とでも言うべき、悪魔的な魅力を持った蝶である。

これらのチョウがきっかけとなってアフガニスタンとの縁ができた中村氏は、現地でハンセン病の治療を続けながら、医療活動の延長として、干ばつや感染症に苦しむ人々を救うため、井戸の再生、そして灌漑用水路の整備を開始。10年以上の年月をかけて完成した水路の全長は27キロを超え、1万6500ヘクタールの土地を潤《うるお》している。

こうした偉業は、蝶の存在がなければ成り立たなかった。極めて小さな出来事が周囲と影響を与え合うことで、連鎖反応が波及していき、いつしか大きな出来事を生み出していくことを、「バタフライ効果」と呼ぶが、中村氏とアフガニスタンの関係は、文字通りのバタフライ効果であったと言える。

日本にも、3種のパルナシウスが生息し

ている。北海道の大雪山系・十勝岳連峰のみに生息する天然記念物のウスバキチョウ、同じく北海道に生息するヒメウスバシロチョウ、そして全国各地に見られるウスバシロチョウである。

ギフチョウが「里山の蝶」だとすれば、ウスバシロチョウは「山里の蝶」である。奥深い山ではなく、田畑の入り混じった里や川原の周辺で発生することが多い。本種の生活史は、戦前は謎に包まれていたが、戦後になってようやく解明された。卵のままで夏〜秋〜冬を過ごし、翌年の2月頃に孵化し、食草であるムラサキケマンの若葉を怒《ど》濤《とう》の勢いで食べ尽くして、4月末には羽化する。つまり、1年の大半を卵で過ごしているのだ。ほとんどの種が蛹で越冬するアゲハチョウ科の中で、卵で越冬するのはウスバシロチョウの仲間だけである。

ウスバシロチョウは、交尾の際、オスがメスの腹部を「交尾栓」で塞ぎ、他のオスと交尾できなくさせることでも有名だ。貞《てい》操《そう》帯《たい》をはめられたメスと同様、パルナシウスの魅力にとりつかれた人は、他の蝶に浮気することなく、この世界にのめり込んでしまうのかもしれない。時代や国境を超えて私たちを魅了し続ける「魔性の白」から生み出される、次世代のバタフライ効果に期待したい。

87 アサギマダラ

「もう一度会いに行ける」アイドル

　6月上旬、小学生の息子と魚沼市に昆虫採集に出かけた。残雪の煌めく八海山を眺めながら車で山道を登っていくと、白い花が咲き乱れている樹上に、大型の美しいチョウが止まっている姿が見えた。アサギマダラだ！　南国の蝶だと思いこんでいたので、まさか雪国の新潟で会えるとは思っていなかった。初めて見るアサギマダラに、息子も大興奮だった。その時に採集した個体は、標本にして仕事場に飾っている。

　アサギ色とは、「浅黄色」もしくは「浅葱色」と書き、明るい青緑色を表す。幕末の時代、新選組がダンダラ羽織で使用したことでも有名な色だ。

　アサギマダラは、名前の通り、浅葱色の翅を持つ大型の蝶である。前翅長は最大で65ミリに達する。一見すると白と茶色の斑模様に見えるが、鱗粉《りんぷん》が退化しているため

155　花に止まった成虫。

に、光の加減によって、白の部分に美しい青緑色が浮かび上がる。熱帯の蝶という雰囲気を醸《かも》し出しているが、日本全国どこでも見ることができる。幼虫は有毒であるガガイモ科の植物を食べ、その毒を蓄えて身を守る。この毒は成虫にも引き継がれるが、天敵のカマキリやカラスには通用しないため、防御毒としての効果は今一つのようだ。

かつて本種は、他の蝶と同じように、平地や山地で生まれ育ち、そこで一生を終えると思われていた。そんな中、１９６０年代に入って、沖縄在住経験のある愛好家たちが、沖縄本島南部では夏の盛りにアサギマダラが成虫・幼虫ともに見られなくなることから、「春と秋に、渡り鳥のように季節移動をしているのではないか」という仮説を立てた。

それからマーキング調査が各地で始められ、１９８１年、４月に種子島で放されたメスが５月に三重県四日市市で再捕獲された。秋には、10月に鹿児島県市来町（現在のいちき串木野市）でマークしたオスが11月に奄美大島で再捕獲され、春～初夏の北上、そして秋の南下という季節移動が確認された。

マーキング調査が進む中で、白いタオルをくるくる回すと、なぜか高所にいるアサギマダラが寄ってくる習性が発見され、

「タオルキャッチ」という捕獲方法が編み出された。オサムシの仲間などが良い例だが、採集方法が確立した種は、分布調査や生態の解明が一気に進む。各地で同好会が立ち上がり、マーキング調査が活発になるにつれて、アサギマダラの移動ルートや傾向が明らかになっていった。大分県の姫島は本種の休息地になっており、春にはスナビキソウ、秋にはフジバカマの蜜を求めて、数千頭が群舞する有名ポイントである。

『謎の蝶　アサギマダラはなぜ海を渡るのか？』では、著者の栗田昌裕氏が「本州でマーキングして放したアサギマダラを、奄美大島と喜界島で再捕獲すること」＝１０００キロを飛んだ蝶を再び捕まえることを目標にして、見事にそれを達成する場面が描かれている。

昆虫採集は、一期《いちご》一会《いちえ》の世界である。一度取り逃した昆虫、野外に放した昆虫と再会できる可能性は、限りなくゼロに近い。しかし、アサギマダラでは「再捕獲」が可能である。しかも、１０００キロもの距離と時間を超えて。

古今東西のあらゆる昆虫採集の中でも、「アサギマダラの再捕獲」を超えるロマンと感動のある採集は、そうはないだろう。「もう一度会いに行ける」昆虫界の稀有なアイドルである。

88

セスジスカシバ

ハチに変身した魔女

スカシバ（透翅蛾）の仲間は、その名の通り透明な翅を持ち、ハチに擬態していることであまりにも有名な蛾である。図鑑にも必ず載っている虫だ。しかし、実際に野外で生きたスカシバを見たことがある、という人は非常に少ないのではないだろうか。

派手な見た目をしているにも関わらず、スカシバを観察・採集することはかなり難しい。多くの昆虫は決まった時期に一斉に羽化するが、スカシバの仲間には羽化時期がバラバラなものがおり、5～10月という長期にわたって散発的に羽化する種もいる。そして飛び方、飛ぶ速さ、そして羽音までもがハチそっくりであるため、誰にも蛾だと気づかれない。ハチの専門家ですら騙されることがあるという。

そして採集が難しい最大の理由は「灯火に来ない」ことだ。大部分の蛾は、夜間の

159　成虫。8月中旬から10月中旬にかけて発生する。

灯火採集で得ることができるが、スカシバの仲間はハチと同じく昼行性であり、灯火には滅多に来ない。花に集まることも多くない。そのため、「ひたすら野外を歩き回って探す」という泥臭い方法に頼らざるをえない。

苦労して採集しても、捕虫網の中でそれこそハチのように激しく暴れ回るため、鱗粉が剝《は》げ落ち、脚は折れ、翅は破れ、あっという間に無惨な姿になってしまう。なんとか標本にしても、脂が染み出して黒化してしまい、種の同定すら難しくなる。魔法でハチに変身した魔女のように気品漂う外見をしているにも関わらず、採集した途端に魔法が解けてしまい、見るに堪えない姿になってしまう。虫好きの間でも人気や知名度が今一つなのは、こうした理由があるからだろう。

採集の難しさ、そして美しい標本が得られないことがネックになり、国内外でなかなか研究が進まない科になっていたが、１９８０年代に入り、有田豊氏などの研究者や愛好家の努力により、徐々に国内での生態解明が進められていった。

１９９０年代に入り、メスの性フェロモンを利用したトラップでオスを誘引する採集方法が海外から導入され、一部の種は狙って採集できるようになった。愛好家の憧れの的であった国内最大種のキタスカシバもこのトラップで採集できるようになり、実は普通種であったことが判明した。

しかし、フェロモントラップに集まるのはオスだけであり、真の魔女たるメスは相変わらず採集困難なままだ。そして効果的なフェロモンが発見されていない種に関しては、引き続き「ひたすら野外を歩き回って探す」しかない。魔女狩りは難しい。

9月上旬、ミノガの研究者である清野昭夫氏らと一緒に胎内で灯火採集をしたときに、偶然セスジスカシバが数頭飛来した。難関揃いのスカシバの仲間の中では、最も野外で見つけやすい入門種だ。清野氏から「貴重だから採っておいたほうがいいぞ」「展翅が難しいから2頭採っておきな」と言われて、2頭採集した。案の定、展翅の際に脚をバキバキに折ってしまったが、どうにか2頭とも標本にすることができた。

後で文献を調べると、本種は「道路工事後、数年経った道路沿いの斜面に生えるクマイチゴに産卵する」という情報が書かれていた。確かに最近工事が終わったばかりのポイントだったので、近くにたまたまクマイチゴが生育していたのだろう。魔女狩りを目指す人は、まずは山地の道路沿いを歩いて、この「最初の魔女」を探してみよう。

89

ムラサキシャチホコ

疑惑のチャンピオン

　蛾の仲間には、擬態の名手が多い。私が子ども時代に夏休みを過ごした小国町で見かけて、トラウマになるほど印象に残っているのは、アゲハモドキである。毒を持つジャコウアゲハに擬態しているガで、遠くから見るとアゲハにしか見えない。しかし、近くで見ると紛れもない蛾である。夜、山奥の発電所の灯りに大量に集まっている姿を目撃して以来、生理的に近づけない虫になってしまった。

　他の昆虫に擬態する以外に、木の葉や枯れ葉に擬態する種も多い。その代表格、擬態のチャンピオンとも言えるのが、ムラサキシャチホコである。前翅長は25ミリ前後で、どう見ても丸まった枯れ葉にしか見えない。アゲハモドキのトラウマがあり、蛾はやや苦手な昆虫だったが、7月下旬に佐渡のダムで本種を見つけた時、思わず採集

163　メスの成虫。オスの触角は櫛毛状になる。

してしまった。

幼虫も擬態の名手であり、頭部と背中が濃紫色、腹部が鮮やかな黄緑色のツートンカラーで、枯れかけたクルミの葉に擬態しているような姿をしている。都内でも、河川敷にあるクルミの木を探すと見つけることができる。シャチホコガの幼虫はクモとサソリを魔合体させたエイリアンのような姿をしており、苦手な人が見たら確実に絶叫するが、本種は比較的おとなしい姿をしているので、発見時にトラウマになるようなこともないだろう。

昆虫学者の小松貴氏は、著書『昆虫学者はやめられない』の中で、ムラサキシャチホコの模様は擬態ではなく、人間の空想の産物に過ぎないのではないか、と主張している。確かに本種の発生時期は初夏であり、枯れ葉の少ない時期である。蛾の活動時間帯である夜間には鳥は寝ているので、「鳥の目をごまかすため」という理由も怪しい。夜の天敵であるコウモリは、視覚ではなく超音波で獲物を探すので、擬態しても意味がない。

そもそも擬態対象となる種がいない地域に生息している種もいる。アゲハモドキも擬態対象であるジャコウアゲハのいない北海道にも分布している。実はアゲハでない、別の何かに擬態しているのかもしれない……と考えると、ますます気持ち悪くなってしまうが。

昆虫の模様や形態に関して、無理やり意味を見出したり、なんでもかんでも擬態とみなすのも考えものだろう。物事を既知の存在にひきつけて理解したがるのは人の常だが、徹底的な無意味さや人智からかけ離れた存在であることもまた、昆虫の魅力なのだから。

人間は「赤」「青」「緑」の3つの色覚受容体を持っているが、昆虫の天敵である鳥は、それらに加えてもう一つ＝合計4つの色覚受容体を持っていると言われている。つまり、我々人間とは全く異なる色の世界を見ているのだ。

昆虫の派手な模様や擬態も、そうした鳥の見ている世界に合わせて作られている。つまり、人間の視点からの「この昆虫の模様は、こういう意味があるに違いない！」という分析は、あくまで推論にすぎない。正解を知っているのは、虫と鳥だけだ。

ムラサキシャチホコの模様も、人間の目から見ると丸まった落ち葉にしか見えないが、実は全く違った意味があるものなのかもしれない。擬態している昆虫には、「騙される楽しみ」に加えて、「本当は何を・誰を騙しているのか（いないのか）」を考える楽しみもある。

90

イボタガ

早春に舞う幾何学模様

国内の蛾の中でも、他に類を見ない独特の幾何学模様を持つ大型種である。開張80〜115ミリに達し、英語ではOwl moth(フクロウガ)と呼ばれている。危険を察知して前翅を広げた姿が、フクロウの顔のように見えることが由来になっているのだろう。平地では3〜4月、山地では5月頃に発生する。国内に生息するイボタガ科の仲間は本種のみであり、似た模様の種はいないため、判別は容易である。日本最大のスズメガであるオオシモフリスズメ、美しい青い目玉模様を持つエゾヨツメとともに、「春の三名蛾」と称されることがある。日本固有種であり、国蝶と同じように、蛾の愛好家や研究者の投票で「国蛾」を決めるとしたら、本種が最有力候補になることは間違いないだろう。

深夜に活動し、灯火採集でも22時以降の

167　翅を広げた成虫。

遅い時間帯に飛来する傾向がある。北海道から九州まで広く分布しているが、「春の深夜帯」という他の昆虫が出てこないような時期に出現するため、本種だけを狙って計画的に動かないと、まずお目にかかれない。

幼虫はイボタノキ、ネズミモチ、キンモクセイなど、モクセイ科の植物を食べる。若齢〜中齢幼虫は縮れたアンテナのような黒くて長い突起を持つが、終齢幼虫では突起が消え、淡い黄緑色と水色の混じった巨大なイモムシになる。

イボタノキには、イボタガをはじめ、サザナミスズメやウラゴマダラシジミなど、限られた種の幼虫しかいない。

イボタガの幼虫の食草であるイボタノキは、「化学的防御」と呼ばれる自衛策を取っている。イモムシに葉を食べられっぱなしだと、植物自体が滅びてしまう。

そこで、ある種の植物は、イモムシの成長を阻害するような化学物質を出す。イボタノキの葉の抽出液には、生物の成長にかかせない必須アミノ酸を減少させる性質があり、葉を食べた幼虫は成長できずに死滅する。イボタノキの抽出液を混ぜた人工飼料をカイコに与えると、食べても食べても成長できない状態になるという。

しかし、イボタガの幼虫は、この化学的

防御を突破できる技を持っている。幼虫の消化液に、イボタノキが出す化学物質を相殺《そうさい》できる働きがあり、他の幼虫が食べられない葉をモリモリ食べて成長することができる。植物は身を守るために化学的防御を発達させ、昆虫はそれを突破する術を編み出す。

　このように、植物と昆虫が互いに影響を及ぼしあいながら進化する過程は「共進化」と呼ばれている。野山で葉を食べる幼虫の姿はのほほんとして見えるが、実際は、共進化によって巻き起こる終わりなき化学戦争というハードボイルドな世界に生きているのである。

　夜間に飛ぶ蛾の天敵は、コウモリである。コウモリは特殊な超音波を発して、その反響によって暗闇の中で獲物の位置を的確に把握し、捕食する。蛾の翅についている鱗粉は、コウモリの超音波を吸収する構造になっており、超音波を反響させないことで、コウモリから身を守ることに役立っていると言われている。

　植物との熾烈な化学戦争、そしてコウモリとの超音波戦争を生き延びた個体だけが、私たちの前にその姿を現わしてくれると考えると、イボタガの翅に鱗粉で描かれた幾何学模様は、自然界で生き残る術を証明している、秘密の数式なのかもしれない。

91

オオミズアオ

月を見るたび思い出せ

オオミズアオは、青白い月光のような翅の色を持ち、前翅の縁には赤紫色の帯が走る。この一度見たら忘れられないカラーリングを「神々しい」と評する人もいれば、「これだけは生理的に無理」と拒否反応を示す人もいて、好みがはっきり分かれる。月の輝く夜、後翅の尾状突起をたなびかせて優雅に舞う姿から、英名では「Luna moth」と呼ばれている。成虫の開張は80～120ミリほど。屋久島・種子島産は小型で、両翅が強い黄色を帯びる。4～6月に春型、8月に夏型が出現するため、比較的長期間観察することができる。

幼虫はサクラやカエデ、クリやミズキなどの多様な科の植物を食べることができる広食性で、それらの木々がある都市部の公園でも発生する。一方、成虫は口が退化しており、何も食べない。寿命はわずか1週

171　葉に止まる成虫。都市部の公園などでもその姿を見ることができる。

間ほどで、交尾・産卵して短い命を終える。

蛾の仲間を採集する方法として最も有名かつ効率的なのは、ライトの光で蛾をおびき寄せる灯火採集である。かつては水銀灯がメインだったが、ＬＥＤの普及に伴い入手が困難になり、現在はＨＩＤライトなどが主流になっている。灯火採集を行うタイミングは、新月の夜がベストである。満月の夜は、月明かりに邪魔されて虫が集まりにくくなる。

戦後まもない時代では、高嶺を舞う高山蛾を求める愛好家は寝袋と一緒にライトと50〜１００メートルもの長い延長コードを担いで山に登り、ケーブルカーの駅で電源を借りて、周辺のポイントで灯火採集をしたという。今から考えると信じられない話だ。

小型発電機と自家用車の普及に伴い、駅や宿で電源を借りなくても、車で好きなポイントに移動して、その場で灯火採集ができるようになった。まさに革命である。

私も毎年夏になると、清野昭夫氏に同行して、胎内や新発田など、新潟県内各地での灯火採集に参加している。私は23時頃には車で帰るため、お酒は飲まないのだが、清野氏らはそのまま現地に車中泊し、朝まで採集を続けるので、ガスコンロで肉を焼きながら、ガンガン飲む。採集会というよりは飲み会のような様相を呈することもあるが、真夏の新月の夜、山の中で灯火採集の白い幕に集まる様々な虫たちを観察・採集しながら、昆虫談義に耽《ふけ》るのは何よりも楽しい。

　蛾の世界は、数十年〜半世紀以上にわたって地道な研究・調査を続けている愛好家・研究者によって支えられている、歴史のある世界である。近年、蛾に対する世間の評価が上昇し、多くの書籍やハンドブックが刊行されるようになっている。SNS上でも画像が当たり前にアップされるようになり、かつての「不気味な昆虫」から「美しい昆虫」へと、そのイメージは劇的な脱皮を遂げつつある。

　人型ロボットと同様、「不気味の谷」を越えつつある蛾の仲間だが、現在の蛾ブームは、万人から忌み嫌われる「不気味な虫」でしかなかった頃からその魅力に気づき、真夏の高山帯から真冬の雑木林まで、ありとあらゆる場所で灯火採集（という名の飲み会）を繰り返し、気の遠くなるような数の個体を記録・展翅してきた偉大な先人たちの努力の上に成り立っている。

　新月の闇夜の中、見えない月の代わりに輝きながら舞うオオミズアオを見るたびに、私たちがこうした巨人たちの肩の上にいることを思い出してほしい。

92

アケビコノハ

葉裏に潜むアンドロメダ

古来より、昆虫の世界は、男の・男による・男のための世界であり続けてきた。愛好家や研究者のほとんどが男性で占められており、女性は極めて稀少な存在であった。オニクワガタやフユシャクのように、「メスが滅多に見つからないグループ」になっていたと言える。

　男性の愛好家が野山に採集に繰り出す時の鉄板ファッションである捕虫網・長靴・釣りベストの3点セットは、どう見ても女性受けしない。マダニやヤマビル、アブやブユなどの招かれざる客たちも、大半の女性にとっては「生理的に絶対無理」なものが多いだろう。

　全国各地にある昆虫同好会の会報は、昭和の文通時代の名残りなのか、未だに投稿者のフルネームと現住所（番地からマンションの部屋番号まで）を明記する形になっ

（写真上）木の葉のような翅を持つ成虫。（写真下）幼虫。頭部と胸部を折り曲げ、腹端を持ち上げる独特のポーズで静止する。

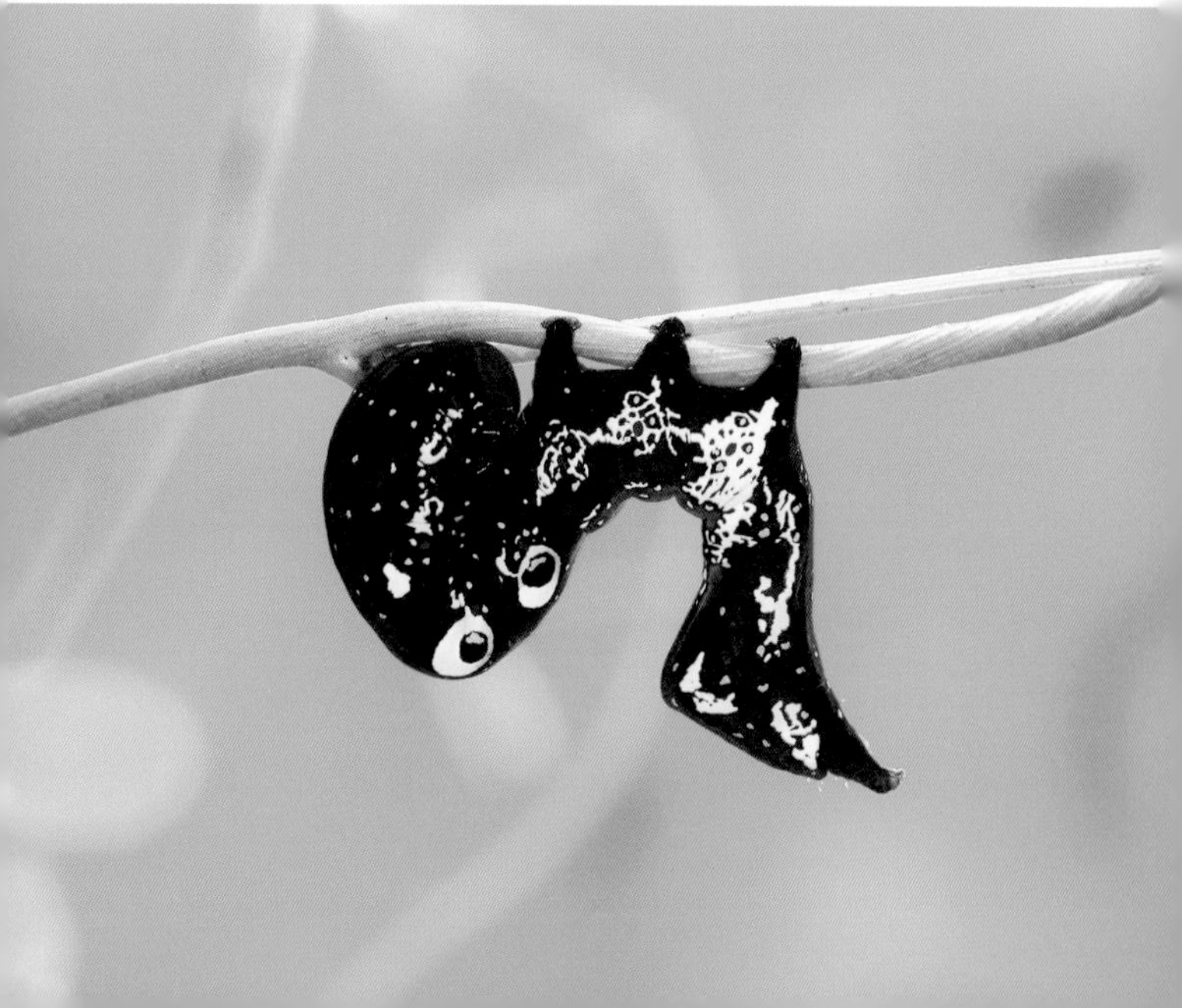

ている。一般の女性が投稿すること自体を全く想定していない、と言われても仕方がないだろう。『堤中納言物語』に登場する「虫めづる姫君」のような女性は、古典の中にしか存在しないファンタジーである、と思われてきた。

そんなマッチョでホモソーシャルな昆虫界に、近年、若い女性たちが参入している。そのきっかけは、まさかの蛾である。うら若い乙女たちが、ＳＮＳにアップされる美しい蛾の姿や可愛い刺繍《ししゅう》作品に導かれてこの世界に入門してくる。昆虫趣味を妻や娘から理解してもらえず家庭内で虐げられてきた中高年男性にとって、にわかには信じがたい現象だろう。

女性の間では、蛾の成虫だけでなく、幼虫＝イモムシも人気が出ている。イモムシの種類を同定するためのハンドブックも刊行され、身近にいる種が比較的容易に特定できるようになったことも、人気に拍車をかけている。

そんなイモムシ界の中でも、最大のスターがアケビコノハの幼虫だ。終齢幼虫は75ミリほどになり、暗紫褐色の体に大きな眼状斑を持ち、青や黄色の斑紋が星雲のようにちりばめられている。アケビの葉裏で人知れず輝く、アンドロメダのような存在感を放っている。平地から山地まで広く分布し、都市部の公園や人家の庭などでも発生することがある。

　マンガの女性キャラの瞳に星を描き込んだパイオニアは、昆虫好きで知られる手塚治虫と言われているが、その体に宇宙が描き込まれているアケビコノハの幼虫は、虫を見ると瞳に星が輝く女子を増やすパイオニアになる可能性を秘めている。

　アケビコノハやヤママユのように、白昼堂々、幼虫が全身を露出したまま葉をムシャムシャ食べるような種は、実は蛾の中では圧倒的少数派である。蛾の大多数を占めるミクロレピ（小蛾類）の幼虫は、植物の果実や種子、茎や葉の中に潜り込んだり、葉を糸でつなぎ合わせて作った隠れ家に潜んでおり、決して無防備な姿で表通りを闊歩するようなことはない。

　敵を追い払う毒針、捕食者を驚かす奇妙な模様などの武器を身につけて、ようやく蛾の幼虫は日の当たる世界に出てこられた＝露出度の高い姿で外を歩けるようになったわけだが、こうした進化の歴史は、女性の社会進出の歴史と重なる部分がある。

　女性の間でイモムシの人気が高まっているのは、ジェンダー非対称性に満ちた男性優位社会の中で戦う彼女たちを勇気づける何かが、あのプニプニボディの中に詰まっているからなのかもしれない。

93 ムラサキシタバ

青い勲章の綬《じゅ》

「カトカラ」とは、ヤガ上科 *Catocala* 属に属する種の総称である。ギリシア語の kato（下）＋ kalos（美しい）に由来しており、後翅が綺麗な蛾を意味する。

日本に6000種以上いる蛾の中でも、カトカラの仲間は美麗種が揃っており、蛾に興味がない愛好家でも、カトカラには関心がある、という人は少なくない。コレクションするには程よいサイズと種数である、ということも理由の一つになっているのだろう。

ムラサキシタバは、開張100ミリを超えるカトカラ最大種の一つである。青い後翅を持つカトカラは本種のみであり、日本で最も高貴かつ見事な蛾の一種だ。成虫は8月下旬～10月中旬頃に現れる。幼虫はヤナギ科のヤマナラシ属を食樹とし、同じ属のポプラで飼育することができる。5～6

179　夜、木に止まった成虫。

齢幼虫は枝に擬態しているため、野外での採集はやや難しい。

　蝶の世界は研究され尽くしており、国産種の中で食草の分かっていない種はいない。しかし、蛾の世界では食草が分かっていない種、幼虫が未発見の種がゴロゴロいる。

　１９６０年代後半から蛾の幼生期解明が盛んになり、多くの愛好家たちが競い合うように未知の幼虫と食草の探索に力を入れる様は「幼虫大戦争」と呼ばれた。『誘蛾燈』の佐藤力夫氏、中臣謙太郎氏、杉繁郎氏など、斯界に名を残す多くの戦士たちが、無理な姿勢での野外調査を繰り返し椎間板ヘルニアになりながら、多くの発見を成し遂げた。現在の図鑑やハンドブックには、当たり前のように幼虫の食草が書いてあるが、その背景には「食草を自力で調査・発見した人たち」がいたことを忘れてはいけないだろう。

　『月刊むし』の創刊初期には、幼虫の写真を紹介する連載「幼虫紳士録」が掲載された。こうした過程で、幼虫が奇抜な形状をしているシャチホコガ科や、カトカラの仲間の生態が解明されていった。また焼酎と黒砂糖などを混ぜた液体を木の幹に塗って蛾を集める「糖蜜採集」という方法が加わり、樹液に集まるカトカラも狙って大量に採れるようになった。自家用車と発電機による灯火採集の普及により、新産地が続々と判明。１９７０年代にカトカラの中で最稀少種とされていたフシキキシタバは、今では普通種になっている。

そうした中でも、北海道から沖縄まで広範囲に分布するカトカラ全種を自己採集することは、容易になし得ない偉業であり続けている。ムラサキシタバは、ドイツ語では「青い勲章の綬」と呼ばれている。全種制覇を目指す挑戦者にとって、標本箱の中で青い後翅を輝かせる本種の姿は、まさに勲章そのものである。

これまで日本産のカトカラは31種とされてきたが、２０１９年7月、奈良市の若草山で32種目となるカトカラ＝マホロバキシタバが発見され[xvi]、蛾界に激震が走った。熱心な蛾の愛好家が多い日本で、これだけ大きなサイズの種が、今まで誰からも気づかれていなかったのは驚異である。そして発見地の若草山は、ジョージ・ルイスの昔から好採集地として有名であり、ルーミスシジミやオオウラギンヒョウモンの産地でもあった。

数多の愛好家によって採り尽くされ、調べ尽くされていたはずの場所での新発見は、これから昆虫採集を始める人にとっては希望になるはずだ。33番目の「勲章」の獲得を目指して、フィールドに繰り出そう。

94 フチグロトゲエダシャク

となりにいたトトロ

冬に出現するシャクガ（尺蛾）＝フユシャクの仲間は、古くから根強い人気を誇る。生物の気配が消えた冬の森で、雪の中を乱舞する神秘的な姿を見て、この仲間の虜になってしまう人も多い。

フユシャクのメスは翅が退化し、オスとは全く異なる形態をしている。そして何より飛ばない＝灯火に来ないため、発見が難しい。そのためか、フユシャクの愛好家の間では、「交尾中のペアを採集すること」に重きが置かれている。

フユシャクは、未交尾のメスがフェロモンを出してオスを引き寄せる。この習性を利用して、手練れの採集者の中には、飼育下で殖やした処女のメスを使ってオスを誘引する「美人局《つつもたせ》トラップ」というえげつない手法を使う人もいる。

2016年3月、栃木県の鬼怒川土手に

枯れ草の上で交尾中のペア。メスは翅が退化している。

て、絶滅したと思われていたカバシタムクゲエダシャクのオスが53年ぶり、メスが29年ぶりに発見されて、大きな話題になった。

メスを発見したのは、長年私学の理科教諭をしながらフユシャクの研究を続けていた中島秀雄氏である。ちなみに、29年前にメスを発見したのも中島氏である。日本の昆虫界はこうした「教員ナチュラリスト」や「公務員ナチュラリスト」たちによる週末の地道な調査・研究によって支えられてきたという事実は、今後も語り継がれるべきだろう。

29年前に偶然メスと卵を発見した時、中島氏は幼虫の食草を突き止めることができず、孵化した幼虫を全滅させてしまった。この時の教訓を活かして、今回はメスとともに発見された卵を仲間たちで分け合い、孵化した幼虫に様々な植物を与えて食草を探る人海戦術を取った。この作戦が功を奏し、カバシタムクゲエダシャクの食草がツルウメモドキであることを突き止めることができた。この29年越しのリベンジは、日本の昆虫史に残る名ドラマの一つである。

観察も飼育も一筋縄ではいかないフユシャクの仲間の中で、最も人気の高い種がフチグロトゲエダシャクである。ギフチョウと並んで、早春に現れる「スプリング・エフェメラル」の一つであり、オスはマロンブラウニーに生クリームをトッピングしたような、上品な模様の翅を持つ。高速で飛翔するため、撮影・採集はなかなか骨が折れる。メスは翅がなく、ジブリの人気キャラ・トトロのようなぽってりした姿をしている。愛好家の間では「フッチー」の愛称で呼ばれている。

オスもメスも昼行性であり、灯火に集まらない。そして晴れた日にしか飛翔しない。そのため、冬空の続く2月下旬〜3月中旬、雲の隙間から太陽が顔を出したタイミングを狙って、生息地である広い草原をひたすら歩き回り、枯れ草と同じ色をした15ミリ前後の蛾を必死に目視で探す、という修行のような方法で採集するしかなかった。

１９８０年代後半までは、限られた産地にしか生息しない稀少種だと考えられていたが、現在では調査が進み、北海道から鹿児島まで全国に分布することが判明している。まさに「実はとなりにいたトトロ」である。

本種を含めて、蛾の仲間には、晩秋から早春にかけて出現し、気象条件が悪いと普通種すら採れないキリガ（冬夜蛾）の仲間など、まだまだ魅力的な種がたくさんいる。「トトロ」をきっかけにして、意外と身近なところにいる彼ら・彼女らの姿を探してほしい。

95

サツマニシキ

錦の毒蛾

「日本で最も美しい蝶は何か」という問いの答えは人によって様々であるが、「日本で最も美しい蛾は何か」という問いの答えは、サツマニシキ一択であろう。

日本で見られるマダラガ科の最大種であり、開張70～80ミリに達する。その名の通り、薩摩＝鹿児島県を含む九州や沖縄、四国、近畿地方以西の暖地に分布する。成虫は初夏から秋にかけて、年2回発生する。

幼虫の食樹であるヤマモガシの大木のある三重県松阪市の阿射加《あざか》神社は、本種の多産地として知られていた。幼虫は、「風の谷のナウシカ」に登場する王蟲《オーム》をカラフルにしたような、黒地に黄と赤の紋が入る毒々しい姿をしている。

成虫は秋の七草の一つであるフジバカマや、帰化植物のセイタカアワダチソウの花に集まる。模様の個体差や地理的変異が多

葉上に止まった成虫。

様であり、南西諸島の個体は特に美しい色合いを持つ。

　本種を含め、南九州〜四国〜紀伊半島には、海によって隔てられているにもかかわらず、共通の植物や昆虫が生息していることが多い。住処である朽木が黒潮に流されたことによって分布を広げたと考えられているルイスツノヒョウタンクワガタやマメクワガタなども、その好例だ。こうした傾向は、南九州の古い呼び名「襲《そ》の国」と、九州と四国の間にある豊予海峡の「速吸瀬戸《はやすいのせと》」、紀伊半島の「紀伊《きい》の国」の頭文字を取って、ソハヤキ（襲速紀）要素と呼ばれている。

　サツマニシキは日中に森林内を緩やかに飛翔し、メスは高木の幹や朽木の隙間に産卵する。草の上に止まっている個体を素手で捕まえることもできるが、捕まえられた個体は体から有毒の黄色い泡を吹き出す。自らの毒に自信があるから、急いで逃げる必要がないのだろう。そのまま三角紙に入れると泡でベタベタになってしまうので、採集した個体を綺麗な状態で持ち帰ることは意外と難しい。

　国内のマダラガ科の仲間には、サツマニシキと並ぶ美麗種のオキナワルリチラシがいる。こちらは名前に反して、沖縄だけでなく本州や対馬にも分布している。幼虫は鹿があまり食べないツバキなどを食べて育つため、鹿の食害が進む中でも、個体数は安定しているという。

昼間に活動するマダラガ科の仲間の中には、美しい模様の翅を持っている種がいる。西日本に生息するウスバツバメガは、透明感のある白い翅とアゲハのような尾状突起を持つ。世界には、ルリニシキやベニチラシ、ユキマダラなど、蝶と見紛うような華麗な名と妖艶な翅を持っている種が多い。「蝶のように美しい」と言われるマダラガの仲間だが、元々蝶と蛾の間には明確な線引きはない。便宜上区別しているだけである。元々アイドルグループに属している人に「アイドルみたいに美しいですね」というようなもので、あまり意味はない。

ただ、本来夜行性である仲間が、昼行性になったときに見せる美しさは、最初から陽の当たる世界で生きている昼行性の虫たちとは異なる深みがある。派手な模様や輝きの中、どこかに闇の面影を宿しているのだ。世界的に著名な蛾類研究者の岸田泰則氏は、蝶と蛾の違いについて、「蝶はきれいだけど、蛾は美しい」と答えている。昼間に飛ぶ美しい毒蛾の仲間に私たちが惹きつけられるのは、「きれい」や「かわいい」といった表層的な言葉では言い表せない、独特の魔力を感じさせるからだろう。

96 トワダオオカ

血を好まない首領《ドン》

人類にとって、蚊は「史上最悪の殺し屋」である。有史以来、蚊によって媒介される黄熱病やデング熱、そしてマラリアなどの恐ろしい病気により、数え切れないほどの人が命を失った。

現在でも、世界で毎年2億人以上がマラリアに感染し、数十万人が亡くなっている。日宋貿易を行った平清盛はマラリアで命を落としたと言われている。ノーベル医学賞候補に3度も名前が上がった野口英世は、研究していた黄熱病に自ら感染し、命を落とした。

そんな忌み嫌われている「殺し屋」たちの首領とでも言うべき存在が、日本最大の蚊であるトワダオオカだ。体長は最大13ミリに達し、金緑色と青藍色に輝くボディを持った美麗種である。北海道から九州に分布するが、用心深く、人前には滅多に姿を

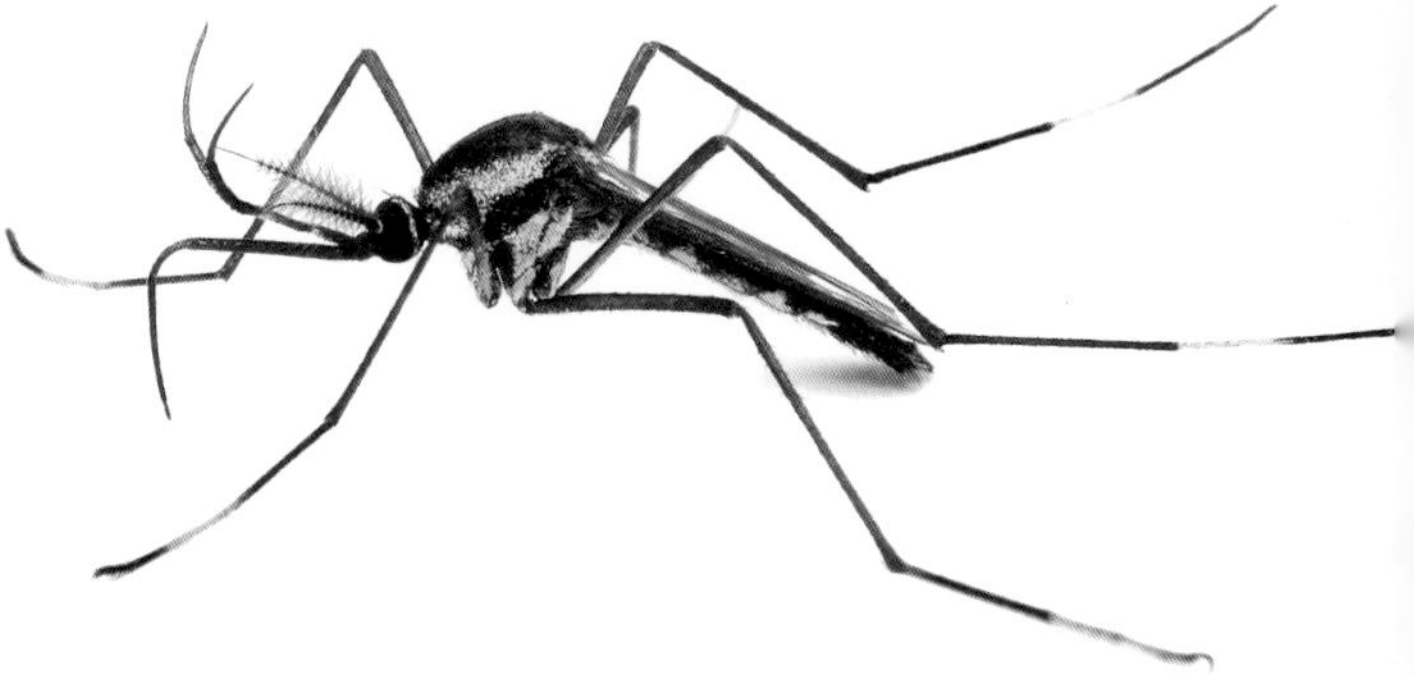

オスの成虫。オスの触角は櫛状になる。

現さない。

　決して自らは手を汚さないマフィアの首領のように、トワダオオカは、オスもメスも人間の血を吸うことはない。幼虫は自然度の高い森の中にある樹洞の水たまりに生息し、他の蚊の幼虫（ボウフラ）を糧にして、ボウフラとは思えない巨大なサイズ（15ミリ前後）にまで成長する。オスは日中に特定の木の幹に集まる傾向があると言われているが、野外で成虫を発見するのは至難の業である。一方、幼虫に関しては、生息地のポイントに産卵場所となる古タイヤ（内側に水が溜まったもの）を設置して採集することができる。

　このオオカの仲間が一躍脚光を浴びたのは、１９９３年に公開された映画『ジュラシック・パーク』である。映画の中で、恐竜の血を吸ったまま琥珀《こはく》に閉じ込められた蚊の腹部から血を取り出し、そこから得られたＤＮＡをもとに恐竜を復元する場面があるが、琥珀の中にいる昆虫は、血を吸わないオオカ属、それもオスであった。

　こうしたミスを笑うのは簡単だが、蚊を含めたハエ目（双翅目）の昆虫の多くは、同定が極めて難しい。甲虫の世界でカブトムシとクワガタムシを間違える人はいないが、双翅の世界では、そうした水準の間違いがしばしば起こる。外見では区別ができないほど酷似した種も多く、野外での観察や図鑑の絵合わせだけで種を同定することは不可能に近い。採集して翅の脈相、各部位の剛毛配列、外部生殖器の違いなどを調べる必要がある。そのため、蚊の仲間の調査・研究は十分に進んでおらず、絶滅の危機に瀕していること自体が誰にも知られずに消えていく種もいる。

沖縄に生息する日本固有種のオオハマハマダラカは、第二次世界大戦中、戦火を避けて沖縄島北部の森林内に避難した人たちにマラリアを流行させた犯人として考えられているが、現在は環境省のレッドリストに掲載されている絶滅危惧種である。

絶滅の危機に瀕している蚊の仲間は、ネットで検索しても画像はもちろん、基本的な情報すら出てこない。「殺し屋」による犠牲者を減らすためには、彼らのプロファイリング＝どの種がどんな病気を媒介するのか、どの地域にどんな病気を媒介する蚊がいるのかを明らかにする必要があるが、蚊の世界に関心を持つ昆虫愛好家はごく少数である。

今後、蚊によって媒介される未知の病気が日本に上陸し、流行する可能性はゼロではない。トワダオオカを媒介にして、知られざる「殺し屋」の世界に関心を持つ人が増えてほしい。

97 ビロードツリアブ

春のモフモフ

「モフモフ」という擬態語から思いつく動物といえば、犬や猫、ウサギやアルパカなど、全身が柔らかい毛に覆われた哺乳類をイメージする人が多いと思うが、昆虫の中にも「モフモフ」している種は存在している。トラハナムグリ、マルハナバチと並ぶ、昆虫界の三大モフモフの一角をなす名虫が、ビロードツリアブである。

春先にギフチョウを探して低山を散策すると、飛翔している本種の姿に出会う。その名の通り、手触りの良さそうな天鵞絨《ビロード》風の体毛に包まれ、「空飛ぶぬいぐるみ」の異名を持つ。体長7～12ミリ程度の小型種だが、アブの仲間の中では珍しく、女性の人気も高い。初夏の高山でも見つかることがあり、「まだここの季節は春なんだな」と感じる。同じく、可愛らしい容姿をしたツリアブの仲間で、「秋のモフモフ」＝晩

195　飛翔中のメス。オスは左右の複眼が接する。

秋に出現するトラツリアブがいるが、こちらは岡山県などのごく一部の地域でしか確認されていない珍種である。

　本種をはじめ、昆虫の「モフモフ」は、もちろん女子の萌え心をくすぐるためのものではない。マルハナバチの全身が長い毛に覆われている理由は、花粉を集めるためだ。花の中に潜り込み、体中の毛に花粉をまとわせる。その後、脚を使って全身の花粉を団子状にまとめて、巣に持ち帰る、というわけだ。

　昆虫は哺乳類のような恒温動物ではないので、毛に覆われているだけでは、体は温まらない。冷たいペットボトルのお茶をいくら毛布でくるんでも、温かいお茶になることはないことと同じだ。昆虫は体の筋肉を細かく震わせることで熱を出す。長い毛は、その熱を逃さない役割も果たしていると考えられている。

　ビロードツリアブは、ほんわかした外見とは裏腹に、枯れ草色のボディで枯れ草の間を高速かつ無音で飛び回るため、意外と撮影や採集は難しい。昆虫は基本的に4枚の翅を持っているが、アブを含むハエ目の仲間はそのうちの2枚が退化し、残りの2枚だけで飛ぶ。翅の枚数が減った分、エネルギーの消費量は大きくなるが、空気抵抗が少なくなり、高速での飛行や空中停止《ホバリング》、瞬時の方向転換が可能になる。カナブンやハナムグリの仲間も2枚の翅だけで高速飛行する。宮本武蔵並の達人でない限り、アブを素手で捕まえることは不可能に近い。

「他の昆虫よりも圧倒的に早く飛べる」という能力があれば、捕食と寄生が容易になる。前者の道を極めたのが、棘だらけの脚で他の昆虫に抱きついて捕獲するムシヒキアブの仲間や、カマキリのような前脚を持つカマバエである。後者の道を選んだビロードツリアブは、ハナバチ類、トラツリアブはバッタの卵に寄生すると言われている。

アブの仲間は、ツリアブやハナアブをはじめ、ハチに擬態した形態や模様をしている種が多いが、その中でもハチの姿をほぼ完全に再現している種が、ハチモドキハナアブである。模様だけでなく、長い触角やくびれた腰の形までハチそっくりである。2枚しかない翅を、2色に塗り分けることでハチと同じ4枚に見せているなど、芸が非常に細かい。ハナアブという名に反して、雑木林の樹液で見つかる。強豪たちのひしめく樹液酒場を制するために、ハチの威を借りているのかもしれない。

「虻蜂《あぶはち》取らず」という格言があるが、蜂虻《はちあぶ》は実際に採ることができる。次のシーズンは、ツリアブとハチアブの二兎を追いかけてみよう。

98 ケンランアリスアブ

不思議の国の快盗

その名に「アリス」を冠する昆虫たちがいる。アリスアトキリゴミムシ、アリスアブ、アリスムクゲキノコムシなど。ルイス・キャロルの『不思議の国のアリス』を思い浮かべる方もいるかもしれないが、決して少女の名前ではなく、「蟻の巣」という意味である。

近年、好蟻性昆虫が注目されるようになった。一部にはヒゲブトオサムシなどの人気種もいるが、その多くは、アリヅカムシ、アリヅカコオロギ、アリクイエンマムシ、アリノタカラ、ノミバエ、アリヤドリなどのハネカクシの仲間など、一昔前であれば存在すら知られていなかった虫たちである。好蟻性昆虫だけを集めた図鑑や書籍も刊行されている。

約２８００種もの昆虫を生きたまま撮影した奇跡の図鑑＝『学研の図鑑ＬＩＶＥ昆

199　成虫。トゲアリの巣の周辺で見られる。

虫 新版』を手掛けた、現在の昆虫界を牽引するスターである丸山宗利氏、「裏山の奇人」の異名を持つ昆虫学者の小松貴氏は、いずれも好蟻性昆虫の泰斗《たいと》である。蟻の巣に生息する昆虫は、世界中に膨大な種数がいる一方で、これまで十分な調査が行われてこなかった。まさに昆虫界における巨大な空白地帯＝謎だらけの不思議の国であると言える。

一方で、好蟻性昆虫のほとんどは数ミリ程度の極小の虫であり、万人受けするとは言い難い。公園や林道で夜な夜なアリの巣をほじくり、出てきた虫を口に加えた吸虫管で吸い込む、という採集方法も、かなり人を選ぶ。パトロール中の警察官に「どうか職務質問してください」と言っているようなものだ。

魅力的でありながらも近寄りがたい好蟻性昆虫の中で、暗闇を照らすミラーボールのように派手な輝きを放っているのがケンランアリスアブだ。体長13〜16ミリで、名前のごとく、全身が金緑色に輝く豪華絢爛な日本固有種である。１９９０年代末に、当時小学４年生の弘岡拓人氏によって発見された。６月中旬〜下旬のごく短い時期にだけ、寄生先であるトゲアリが巣を作っている樹洞の近くで観察することができる。ハエやアブの仲間は概して愛好家には不人気であるが、本種だけは採りたい、と願う人も少なくない。本種の生態は長年謎に包まれていたが、２０１０年代半ば、慶應義塾大学の岩井碩慶《ひろのり》氏らが生態や幼虫の形態を突き止めた。

　アリスアブ属の幼虫は、オムライスのような半球形状をしており、とても昆虫とは思えない。数多の学者がこの特殊な見た目に騙され、19世紀初頭から20世紀にかけて、何度もナメクジや陸生貝類などの軟体動物と間違われて記載されている。昆虫の分類学史上に残る黒歴史を作り出してしまった罪深い虫である。幼虫はその奇妙な姿でアリの巣の壁に貼りつき、働きアリの目を盗んで幼虫や蛹を食べて成長する。

　ケンランアリスアブが寄生するトゲアリ自体もまた、他のアリの巣を乗っ取るギャングである。凶暴なギャングのアジトに単身潜り込み、お宝をかすめ取って飛び去る、快盗のようなアブだ。本種とトゲアリは一《いち》蓮托生《れんたくしょう》の関係にあり、トゲアリの減少に伴い、本種も絶滅危惧Ⅱ類（絶滅の危険が増大している種）に指定されている。

　本種の美しさに魅せられて不思議の国に迷い込み、夢中になって好蟻性昆虫を追いかけているうちに、気がつけば夜の公園で警察官に囲まれていた……とならないよう、気をつけたいものだ。

99 キイロショウジョウバエ

究極の益虫

汚物や腐肉に集まるハエの仲間は不快昆虫の代表であり、名虫とは最も遠い位置にいる存在に思えるかもしれない。しかし、我々人類に最も貢献している益虫を一つ選ぶとしたら、それは間違いなくキイロショウジョウバエである。体長はわずか2ミリ程度。大酒飲みとして知られる架空の動物・猩猩《しょうじょう》がその名の由来で、酒類や発酵した果実に集まる。日本全土にくまなく分布し、屋内でも発生する。

作物につく害虫を食べるテントウムシ、シルクロードを生み出し歴史を動かしたカイコガ、家畜化されたミツバチなど、人間にとって役立つ昆虫はいくつか挙げられるが、そうした数ある益虫の中でも、キイロショウジョウバエの貢献は際立っている。

1900年、ハーバード大学教授のウィリアム・キャッスルが、発生学を学ぶ学生

交尾中のペア。上の個体がオスで、下の個体がメス。

のための実験動物として、手近にいた昆虫であるキイロショウジョウバエを選んだ。牛乳瓶の中に腐りかけのバナナとブドウ数粒を入れ、その中にキイロショウジョウバエを放ったところ、２週間で２０００匹に殖やすことができた。

それ以来、１２０年以上にわたって、キイロショウジョウバエは、実験動物として遺伝学の発展に大きく貢献してきた。繁殖力が旺盛で、卵から成虫になるまで7日間しかかからないため、哺乳類であれば数百年かかるような変異の過程を、わずか数週間で確認できる。

遺伝子操作がしやすいという性質もあり、「遺伝子とは何か」「染色体とは何か」「放射線や化学物質がどのように突然変異を引き起こすのか」といった問いの答えは、全て本種が人間に教えてくれた。

２０００年にはすべての動物のゲノム塩基配列が解読された初めての動物になり、3年後のヒトゲノム解析への道を開いた。人間の遺伝子疾患の原因となる遺伝子のうち、75%がショウジョウバエと共通しており、アルツハイマー病やパーキンソン病など、遺伝性の病気の解明に役立っている。本種を用いた研究がノーベル賞に輝いたことも幾度かある。

ハエの仲間は初めて宇宙を旅した昆虫で

もあり、アメリカでは１９６７年に、宇宙空間での放射線の影響を調べる実験のために本種を載せた宇宙船が打ち上げられた。国際宇宙ステーションにも実験室があり、無重力状態がハエの健康に与える影響が調べられている。

「ゲノム」と「宇宙」という壮大な世界で存在感を発揮している本種の前では、ヘラクレスオオカブトやトリバネアゲハといった有名種も霞んでしまう。本種は実験動物として以外にも、両生爬虫類の餌としても市販されている。ヤドクガエルなどのように、ショウジョウバエのような極小の生き餌がないと長期飼育が困難な種も多い。

キイロショウジョウバエは世界で最も調べ尽くされた昆虫の一つだが、彼らの仲間であるハエ目の昆虫については、同定や発見が難しいこともあり、研究が十分に進んでおらず、名前すらない種が大半を占める。「甲虫を超える種数が存在しているのでは」と考える研究者もおり、もしそれが事実だとすれば、ハエこそが神の寵愛を受けた昆虫であり、地球は「ハエの惑星」ということになる。

ハエの世界は、昆虫の中でも、今最も熱い分野の一つになっている。ハエ目という名の広大な宇宙の空白地帯を埋めるために、人生を賭けるのも悪くないかもしれない。

100
タガメ
虫とともに、虫屋を守れ

日本最大の水生昆虫であるタガメは、１９５０年代までは、都市近郊も含めて、どこでも普通に見られる種であった。しかし農薬や開発などの影響で、わずか20年の間に劇的に減少した。１９７０年代の半ばには、農薬の残留が少ない丘陵地の溜池とその周囲の水田に生息地が限られるようになったが、バブル経済下のゴルフ場開発でそうした溜池は次々に消滅。今では「図鑑の中でしか見られない虫」のシンボルになってしまった。私も、地元の昆虫館の水槽の中でしか見たことがない。

２０２０年2月、タガメは種の保存法の「特定第二種国内希少野生動植物種」（＝里山などの二次的自然に生息する稀少種）に指定された最初の昆虫になった。

これにより、販売目的でのタガメの捕獲や標本の売買等は不可能になったが、個人

207　魚を捕食する成虫。

での調査研究や趣味での採集は引き続き可能である。里山や草原など、人間が作り出した環境に依存した結果減少した昆虫を保全するためには、採集禁止にしても意味がない。販売目的の大量採集のみを禁止し、調査目的や個人の趣味での採集を規制しないことで、その種に関心を持つ人を絶やさず、そして関わる人たちを増やしながら、生息環境の保全を進めていく、というスタンスは、現時点で考えられる最善解の一つだろう。

「虫屋」という言葉がある。オオクワガタを乱獲してネットオークションで売っている業者のことではない。「三度の飯より虫が好きな、愛すべき奴ら」といった意味合いで、古くから使われている言葉だ。日本の昆虫学は、プロだけでなくアマチュア＝在野の虫屋たちの無償の努力（採集・観察・調査・撮影）によって支えられてきた。

分布調査もレッドデータブックの作成も、地元の虫屋の力を借りなければ不可能である。しかし、虫屋たちの善意と無償の協力によって集められたデータによって「自然保護」の名の下に各地で採集規制が強まり、地域の昆虫相を解明してきた最大の功労者がA級戦犯扱いされ、逆に締め出されるという皮肉な事態が生じている。弱き者、汝の名は虫屋なり。

自然保護＝採集禁止ではない。むしろ逆だ。採集して標本にしないと名前すらわからない昆虫も多い。採集を禁止してしまうと、調査も研究もできなくなり、新しい産地を発見しても誰も報告しない。その結果、その種が人知れず滅びてしまうことも起こりうる。最大の味方を最大の敵に仕立て上げて叩いても、生物多様性を守ることはできない。

虫屋が社会的に評価されることは稀だが、ある特定の虫屋しか採集できない、同定できない、研究していない虫は、山のようにいる。昆虫の調査も研究も保全も、虫屋なしでは始まらない。生態系を下支えしている昆虫を理解・保全しなければ、私たちの世界は足元から瓦解する。ある地域の昆虫を保全するためには、その地域に虫屋が存在していること、そしてこれからも世代を超えて虫屋が存在し続けることが、必要不可欠になる。

虫屋はショウジョウバエのように自然に湧いてくる存在ではないし、オニクワガタのように後食なし＝大人になってから何も食べずに生きられる存在でもない。タガメと同様、もしくはそれ以上の熱意と予算をもって、社会の力で守るべき稀少種である。「虫とともに、虫屋を守れ」。この言葉をもって、百名虫を巡る旅を締めくくりたい。

コラム

「日本八迷虫」

本コラムでは、日本百名虫に入れるかどうか最後まで迷った8種の昆虫を紹介したい。

①アオタテハモドキ

さまよえる蒼い迷蝶

オスの後翅は南国の海の青と空の青を混ぜ合わせたような鮮やかなメタリックブルーに染まり、オレンジ色の眼状紋がずらりと並ぶ。往年の名作シューティングゲーム「グラディウス」で裏技のコナミコマンド（上上下下左右左右ＢＡ）を入力し、フル装備になった機体の姿に見えるのは私だけだろうか。本来は西表島と石垣島に分布する種であるが、沖縄諸島や宮古諸島、九州や関西〜関東でも迷チョウとして記録があり、本種を地元で採集することを夢見る愛好家も多い。「グラディウス」はコナミコマンドを使っても容易にはクリアできない難関ゲームだったが、温暖化や台風の後押しで移動距離を拡げたアオタテハモドキが「本土への土着」という壁を突破し、東京の上空に舞う日は近いのかもしれない。

②アオタマムシ

高尾の彗星

モミ・アカマツ・ツガなどの針葉樹林帯に生息する中型美麗種。個体数は少なく、産地も局所的である。東京の高尾山が本種の有名産地の一つであるが、それ以外の地域でポイントを自力で探すのはかなり難しい。私も新潟で毎年探しているが、そもそも県内ではモミの木自体がなかなか見つからない。糸魚川の針葉樹林帯で、ようやく本種の羽脱孔とおぼしき楕円形の穴がたくさん開いているモミの立ち枯れを見つけた。成虫が飛来するのをじっと待ったが、どれだけ待っても何も飛んでこなかった。しかし、私は来年も同じ立ち枯れの下で待つ予定である。長時間の出待ちが苦にならないほどの魔力を持つ、危険なタマムシだ。

③ノコギリクワガタ

瑞穂の国の赤い水牛

クワガタムシの仲間を代表する高い知名度と人気、そして品格を兼ね備えた、誰もが認める名虫であろう。オスの大型個体は、野生の水牛のように美しく湾曲した大顎を持つ。70ミリを超える大型個体が出現する伊豆大島の個体群や、樹液にも灯火にも集まらず、飛ばずに地を這う特異な生態を持つ八丈島亜種など、豊富なエピソードを持つ種であるが、クワガタの数が多くなりすぎるため、全体のバランスを考慮して泣く泣く除外した。次回作『日本二百名虫』(出せたらいいな……)では、ぜひ本種を取り上げたい。

④ ヤママユ

夏の終わりを告げる使者

スター揃いのヤママユガ科を代表する、本州最大級の名蛾である。大型の個体は開張150ミリに達する。成虫は何も食べない。晩夏〜初秋に発生するため、灯火採集で本種が飛来すると「今シーズンの採集も、もうすぐ終わりか……」と切ない気持ちになる。成虫の色彩は黄色、赤褐色、灰色と多様で、一見すると別種に思える。初めて本種を見た人は、「こんなに巨大で美しい蛾が日本にいたのか」と感動する。しかし、灯火採集を行うと大量に飛んでくるので、いつしか見向きもされなくなってしまう。稀少種を追い求めるあまり、普通種の魅力に気づかなくなったら、赤信号である。ヤママユの美しさに感動する気持ち、そして過ぎゆく夏を惜しむ気持ちを、いつまでも忘れずにいたい。

⑤ セアカオサムシ

燃える男の赤いオサムシ

小型種ながら赤銅色の深い輝きと造形美を兼ね備えた、駆け出しのオサムシ愛好家にとっては憧れの種である。日本全国に広く分布しているが、他のオサムシとは異なり、草原のような開けた環境に生息するため、なかなかコップに落ちない。崖や朽木を掘って越冬個体を探す「オサ掘り」で採集することも困難である。主に苔の下で越冬しているらしい。私も新潟県内のあちこちの河川敷で本種を狙ってトラップを仕掛けているが、一向にお目にかかれない。昆虫仲間のMさんが新発田市の河川敷で採集に成功したが、そのポイントは開発で消滅してしまったという。幻の赤いオサムシを求めて、燃える男たちの戦いは続く。

⑥ ムネアカセンチコガネ

ムネアカに胸熱

赤みがかったオレンジと黒のツートンカラー、そしてアニメに出てきそうな丸いボディと愛らしい見た目で、女性人気も高い日本固有種である。大きさは9〜14ミリほど。戦前は東京23区内にも生息しており、夕方になると室内に飛び込んでくることもあったという。本種の生態は、長年謎に包まれていた。獣のフンにも集まらないため、偶然灯火に来た個体を採集するしかなかった。フン虫の愛好家でも一生に数えるほどしか採れない珍種であったが、２０００年代に入って飛翔中の昆虫を捕獲するフライト・インターセプトトラップ（ＦＩＴ）で採れることが判明。各地で一気に採集記録が増え、生態の解明も進んだ。２０１４年、日暮卓志氏・棚橋薫彦氏によって、本種がアーバスキュラー菌根菌の子実体を食べることが発見・報告された。生態が解明され、狙って採れるようになった今も、愛好家の胸を熱くさせる名虫である。

⑦ アトコブゴミムシダマシ

奥山の妖怪

樹皮に擬態した凸凹の身体を持ち、国産の甲虫の中でも屈指の異形種である。これだけ特徴的な見た目にも関わらず、文献は少なく、ネットで検索しても採集に役立つ情報はほとんど出てこない。名前と存在だけが知られている妖怪のような甲虫だ。私もブナ林を訪れた時は、本種が集まると言われるサルノコシカケを丹念に探しているが、全く見当たらない。この謎に満ちた妖怪の情報を集めるべく、意を決して『日本産ゴミムシダマシ大図鑑』を買った。しかし、本種はその名にゴミムシダマシとつくものの、ゴミムシダマシ科ではなく「アトコブゴミムシダマシ科」であり、大図鑑には載っていなかった。見事に騙された……。

⑧ ニシキキンカメムシ

ライムストーンの奇術師

1935年に「虫聖」江崎悌三氏によって命名・記載された、国産カメムシの最美種である。東京・奥多摩がタイプ産地の一つになっているが、現在都内ではまず出会えない。石灰岩地帯に自生するツゲのある林や山頂に生息するが、分布は極めて局所的である。国指定特別天然記念物になっているツゲの原始林がある福岡県古処山は、本種の数少ない有名産地の一つだ。江崎氏も採集に訪れた記録が残っている。他のキンカメムシと同様、本種も標本にすると見る影もなく変色してしまうため、そのサイケデリックな美しさはライブでしか味わえない。全国的に鹿による食害が問題になっているが、ツゲは鹿が好まない植物であるため、本種の生息環境が拡大している地域もあるという。ライムストーン（石灰岩）の限られた舞台にのみ登場するこの華麗な奇術師が、その姿を現す機会が増えることを願う。

写真提供者一覧

森上信夫 52タマムシ／53アオマダラタマムシ／57ゲンジボタル／59ニホンホホビロコメツキモドキ／61ナミテントウ／64ヒメツチハンミョウ／66ルリボシカミキリ／78ドロハマキチョッキリ／79ムラサキトビケラ／80オオムラサキ／82ミヤマカラスアゲハ／83ギフチョウ／85クジャクチョウ／87アサギマダラ／89ムラサキシャチホコ／90イボタガ／91オオミズアオ／92アケビコノハ／96トワダオオカ／97ビロードツリアブ／99キイロショウジョウバエ／100タガメ

新開孝 56クチキクシヒゲムシ／58ルリヒラタムシ／60オオキノコムシ／65ヒラズゲンセイ／73コブヤハズカミキリ／84キベリタテハ／86ウスバシロチョウ／88セスジスカシバ／94フチグロトゲエダシャク／95サツマニシキ

鈴木知之 62ルイスホソカタムシ／67オニホソコバネカミキリ／68フタコブルリハナカミキリ／69キベリカタビロハナカミキリ／70オオトラカミキリ／71オオアオカミキリ／72ヨコヤマヒゲナガカミキリ／74オオルリハムシ／75スゲハムシ／76オオアオゾウムシ／77クリシギゾウムシ

尾園暁 54アカヘリミドリタマムシ／55ハビロキンヘリタマムシ

工藤誠也 81ヒサマツミドリシジミ／93ムラサキシタバ

法師人響 51ノブオオアオコメツキ

村上浩司 63オオナガニジゴミムシダマシ

島田拓 98ケンランアリスアブ

注

i 月刊むし（１９９５年１月号）Ｎｏ．２８７ Ｐ11－13

ii 越佐昆虫同好会会報（１９８９年８月）Ｎｏ．67 Ｐ34

iii 月刊むし（１９９５年５月号）Ｎｏ．２９１ Ｐ４－９

iv 甲虫ニュース（１９７７年４月号）Ｎｏ．37 Ｐ７

v 月刊むし（２００１年７月号）Ｎｏ．３６５ Ｐ26－27

vi 昆虫と自然（２０１１年６月号）Ｐ21

vii 月刊むし（２０２２年11月号）Ｎｏ．６２１ Ｐ54－55

viii 月刊むし（２０２２年１月号）Ｎｏ．６１１ Ｐ２－５

ix 新里達也『カトカラの舞う夜更け』（海游舎・２０１７年）Ｐ２０１

x 越佐昆虫同好会会報（１９６０年12月）Ｎｏ．33・34 Ｐ27

xi 昆虫と自然（２０２０年４月号）Ｐ29

xii 昆虫と自然（２０１１年４月臨時増刊号）Ｐ17

xiii 昆虫と自然（２００４年８月号）Ｐ38

xiv 月刊むし（１９７１年３月号）Ｎｏ．０００ Ｐ２－13

xv 月刊むし（１９７１年９月号）Ｎｏ．００６ Ｐ10－12

xvi 月刊むし（２０１９年10月号）Ｎｏ．５８４ Ｐ７－12

xvii 月刊むし（１９７１年３月号）Ｎｏ．０００ Ｐ40

xviii 月刊むし（１９８１年５月号）Ｎｏ．１２３ Ｐ35

あとがき　「私の百名虫」のススメ

1971年3月、大学を卒業したばかりの若者たちによって刊行された『月刊むし』0号の末尾には、「虫屋の欲する雑誌を！」という題で、昆虫の採集を極力抑え、自然保護に寄与する方向性……ではなく、アマチュアにとって最高の楽しみであり、最も素朴な欲求である「虫を採る楽しみ」を追求していきたい、という主張が記されている[xvii]。

当時は、「最後の砦」とされていたヒサマツミドリシジミの生活史が解明されたことにより、国産の蝶の食樹探索や生活史の解明が終わり、学問の世界でも、アマチュアには手を出しにくいミクロな研究ばかりが行われるようになっていた時期だった。昆虫採集を自然保護に反する悪とみなす風潮も強まり、一人ひとりの虫好きが、これからどのように昆虫と関わっていけばよいか、行く末を決めかねていた時代だったと言える。そこで原点回帰として、「虫を採る楽しみ」がクローズアップされたのだろう。

この状況は、約半世紀経った2023年現在の状況と似ているのではないだろうか。チョウ・クワガタ・カミキリなどのメジャーな昆虫は調べ尽くされ、世間を驚かせるような大型種や美麗種の新種発見も、まず望めない。公園や離島での採集規制も強まる一方だ。しかし、生物多様性の保全は、一人ひとりの「虫が好き」という欲求に基づく行為＝採集・収集・撮影・飼育を前提にしたものでなければ、そもそも成立しないはずだ。

そこで「虫が好き」という欲求をさらに深めるきっかけをつくるべく、昆虫の名前や生態だけでなく、その歴史と関係した人物にも焦点を当てた本書を企画・執筆した。

昆虫の多様性は、人智を超えている。そこには正解も結論もない。図鑑やハンドブックは山ほど出ているが、「何のために昆虫を見つける（見分ける）のか」という問いに対しては、誰も答えてくれない。「何のために昆虫を採るのか」という問いに対する答えそのものも、自分自身で「採る」必要がある。そのためには、客観的な真実よりも、主観的な事実が必要だ。

百名虫の選定は、私の主観＝独断と偏見でしかないが、少なくとも、私がこれまで読んで面白いと感じた昆虫に関する本や図鑑は全て、学名や体長、分布や発生時期などの客観的な情報をただ羅列した本ではなく、著者の主観や思想が色濃く出た本である。

書籍は著者一人の主観によって貫徹《かんてつ》されている方が面白いが、採集やコレクション、飼育や撮影はそうはいかない。仲間を作らず、単独で昆虫趣味を楽しんでいる人も多いと思うが、採集も収集も飼育も撮影も、一人ではいつか必ず煮詰まる。

そんな時は、本書を参考にして、「私の百名虫」をつくってみてほしい。貴重種でも美麗種でもなく、個人的に思い入れのある種を選んでもいい。一人ひとりがオリジナルの「私の百名虫」をつくり、それらを採集・収集・撮影・飼育するために、全国各地を回ったり、人と出会ったり、ＳＮＳで発信したり、飲んだり食べたり、仲間を作ったりすること、それ自体が楽しいはずだ。目眩《めまい》がするほど多様な昆虫の世界を主体的に楽しむ方法の一つとして、多くの人が「私の百名虫」を持つようになれば、それは必ず生物多様性の維持につながる。

昆虫には人と人、そして人と社会をつなぐ力がある。その力を十全に引き出すためのきっかけに本書がなれば、これ以上の喜びはない。

謝辞

名虫たちの魅力が詰まった素晴らしい写真を提供してくださった森上信夫氏・新開孝氏・鈴木知之氏・法師人響氏・片岡宏樹氏・村上浩司氏・工藤誠也氏・旭夢稀氏・島田拓氏・尾園暁氏・真嶋豪氏にお礼申し上げたい。

本書の執筆に際して、国内で刊行された昆虫に関する数多くの文献や雑誌、全国各地の昆虫同好会報のバックナンバーに目を通したが、それらの大半は、新潟県阿賀野市にある清野昭夫氏の研究室「蛾想庵」より提供して頂いた。

２０２０年６月に胎内でハナカミキリを探していた最中、「そんな大きさの網じゃ採れないよ」と声をかけて頂いたことをきっかけに知り合って以来、毎年夏の灯火採集（という名の飲み会）への同行をはじめ、清野氏からは多くの貴重なご指導とご縁を頂いている。この場を借りて、改めてお礼申し上げたい。

清野氏はミノガのスペシャリストであり、セイノウスカバイロコメツキやヤエヤマシマアツバ（*Hepatica seinoi*）など、和名・学名に彼の名を冠する昆虫もいる。

日本昆虫界の歴史の中では、1980年夏に沖縄島で採集したリュウキュウコクワガタのオスを藤田宏氏に送り[xviii]、当時カミキリ屋であった藤田氏がクワガタ屋へと戻るターニングポイントを作った人物でもある。もし清野氏がリュウキュウコクワガタを藤田氏に送らなければ、日本のクワガタ業界は、今と全く違った姿になっていたかもしれない。

日本の昆虫業界は高齢化が著しく、70～80代のメンバーが中心になっている組織や同好会も少なくない。偉大な先人たちは次々に鬼《き》籍《せき》に入り、昆虫雑誌や各地の同好会報には、毎号のように追悼文が掲載されている。「虫屋は死して標本を残す」という言葉があるが、生涯を費やして集められた貴重な標本は、引取先や管理者が見つからないまま、カツオブシムシの餌になって消えていく。「虫屋は死んでも標本すら残せない」時代になっている。目の前で失われようとしている先輩世代の昆虫に対する熱い思いや記録を『日本百名虫』という形で次世代につなぐことが、物書きの中堅世代として、自分が昆虫業界に微力ながら貢献できることなのでは、と考えている。

本書を書き上げることができたのは、採集に協力してくれた妻と子どもたちのおかげである。胎内でクチキクシヒゲムシを発見してくれた長男、県内某所でのルリボシカミキリの初採集に同行してくれた次男、そして車で片道2時間半かかるような山奥の採集にも嫌な顔をせずに付き合ってくれた妻には、最大限の感謝を送りたい。

家族との採集で得た昆虫を並べた標本箱は、人生のアルバムでもある。標本とラベルから、その虫を採った時の記憶や情景、天候や気温、採集後に食べた物の味などが全て蘇《よみがえ》ってくる。標本箱に詰まっているのは、単なる虫の死骸ではなく、家族との思い出そのものである。

最後に、私が小学生時代の夏休みを過ごし、昆虫と付き合う原点となった山形県小国町の親族と自然に感謝したい。

2023年6月21日　坂爪真吾

坂爪真吾（さかつめ・しんご）
1981年新潟市生まれ。越佐昆虫同好会会員。NPO法人風テラス理事長。本業のNPO経営の傍ら、地元の新潟県内各地の野山で昆虫採集に励んでいる。好きな甲虫はオオセンチコガネ。東京大学文学部卒。近著に『ツイッターで学ぶ「正義の教室」』（晶文社）など。Twitter　@gatakon1130

日《に》本《ほん》百《ひゃく》名《めい》虫《ちゅう》

ドラマティックな虫たち　文春新書1416

2023年7月20日　第1刷発行

著　者　坂爪真吾
編　集　石橋俊澄
デザイン　中川真吾
発行者　大松芳男
発行所　株式会社 文藝春秋
〒102-8008　東京都千代田区紀尾井町3-23
TEL　03-3265-1211（代表）
印刷所　大日本印刷
製本所　大口製本

ISBN978-4-16-661416-5